Hein Hansen

Der Fisch stinkt vom Kopf

Neue Motivation statt innerer Kündigung – Der Ratgeber für Mitarbeiter und Führungskräfte

BOOKS4SUCCESS

Copyright 2014:
© Börsenmedien AG, Kulmbach

Gestaltung und Herstellung: Johanna Wack, Börsenmedien AG
Buchsatz: Jürgen Hetz, denksportler Grafikmanufaktur
Lektorat: Egbert Neumüller
Druck: CPI – Ebner & Spiegel, Ulm

ISBN 978-3-86470-134-4

Bibliografische Information der Deutschen Nationalbibliothek:
Die Deutsche Nationalbibliothek verzeichnet diese Publikation in der
Deutschen Nationalbibliografie; detaillierte bibliografische Daten
sind im Internet über <http://dnb.d-nb.de> abrufbar.

Postfach 1449 • 95305 Kulmbach
Tel: +49 9221 9051-0 • Fax: +49 9221 9051-4444
E-Mail: buecher@boersenmedien.de
www.books4success.de
www.facebook.com/books4success

Inhalt

Vorwort 9

1. Kennen Sie den Hamburger Fischmarkt? 13

2. Was ist denn diese Motivation? 19

3. Die Motivationsstruktur
   in deutschen Unternehmen 23

4. Wir sind alle die Größten 29

5. Die Mitarbeiter-Typologie 39

6. Über die Wirksamkeit von
   Managementstrategien 47

7. Die fünf Motivationstypen 55

8. Die Tricks von Fischverkäufern 77

9. Die nächsten Stress-Verursacher:
   Über- und Unterforderung 89

10. Ziele 93

11. Die kognitive Dissonanz 115

12. Wir drehen alle durch: Der Weg in
    die somatische Gesellschaft 123

Inhalt

13. Lösung KDR? 127

14. Stress-Stabilität 131

15. Die Tschakka-Methode und der
    marketingorientierte Charakter 137

16. Der Pike Place Fish Market 143

17. Die Bergquist-Methode 149

18. Rituale: John Yokoyamas Morgenroutine 153

19. LoyaliTät dir gut 171

20. Verantwortung abgeben können 191

21. Fisch und Firmenkultur 199

22. Es gibt noch viel mehr zu tun 213

23. Exkurs: Spielend verkaufen 221

24. Ich hab Sie was gefragt –
    Wege zur Ideenfindung 247

25. Die beste Marketingstrategie der Welt 257

Hinweis 263

Dank 265

Vorwort oder „Was soll der Quatsch mit diesem Fischverkäufer?"

Hein Hansen ist das Alter Ego des langjährigen Motivationstrainers, Social-Media-Experten und gern gebuchten Referenten Michael Ehlers. Ich kenne ihn gut. Und ich kann Ihnen sagen: Wirklich ein toller Typ, dieser Ehlers. Das bin nämlich ich.

Hein Hansen ist tatsächlich eine Kunstfigur, die ich über die Jahre in meinen Vorträgen für zahlreiche große Unternehmen entwickelt und verfeinert habe. Die Figur des Hein Hansen ist inspiriert von der großartigen Motivationsphilosophie, die Jim Bergquist 1986 zusammen mit dem Chef und den Angestellten des Pike-Place-Fischmarkts in Seattle erarbeitet hat. Und sie ist inspiriert von Hamburg, meiner Perle. Dies hier ist Hein Hansens erstes Buch.

Die Figur des Fischverkäufers in der Rolle des Motivationstrainers ist aber nicht willkürlich gewählt. Es ist in der Tat sehr beeindruckend, wie viel wir als Motivationstrainer oder als am Thema Interessierter vom Besuch auf einem Fischmarkt lernen können. Alle Prinzipien, die ich Ihnen in diesem Buch zu den Themen Mitarbeitermotivation und Eigenmotivation beschreibe, sind dort zu finden. Sie müssen mir das jetzt nicht glauben. Nachdem Sie das Buch gelesen haben, sind Sie sicher überzeugt. Davon bin jedenfalls ich überzeugt.

Hein Hansen ist auf dem Fischmarkt groß geworden. Und da herrscht ein anderer Ton als in den Teppichetagen eines Unternehmens. Da wird Klartext gesprochen. Und mit diesem Klartext sollten Sie besser zurechtkommen. Denn er wird auch in diesem Buch gesprochen. Inhaltlich und formal. Die klare Sprache von Hein Hansen bringt manche Sachen einfach direkter auf den Punkt, als Sie es vielleicht von anderen Büchern zum Thema Motivation gewohnt sind. Aber die brauchen Sie ja nun eh nicht mehr. Jetzt haben Sie ja dieses hier.

Genau betrachtet ist Hein Hansen aber mehr als „nur" ein Fischverkäufer. Sie dürfen also erwarten, dass die Dinge, die in diesem Buch stehen, auch mit motivationspsychologischen Theorien unterfüttert sind. Ich weiß ja, dass das manchen Lesern wichtiger ist als die Tatsache, dass ein Prinzip funktioniert.

Es ist mir wichtig, Ihnen an dieser Stelle zu sagen, dass es in diesem Buch zwar um Motivation geht, aber dass ich Motivation ein bisschen anders verstehe als viele meiner Trainerkollegen vor mir. Um nämlich andere motivieren zu können – und das ist tatsächlich bitter nötig –, müssen Sie zunächst selbst motiviert sein. Motivation, wie ich sie verstehe und Ihnen in diesem Buch nahebringen möchte, dient immer auch dem Glück des Betreffenden. Gelungene

Führung durch Motivation liegt immer dann vor, wenn sie dem Glück und dem Wohlbefinden des zu Motivierenden und gleichzeitig der Durchsetzung einer sinnvollen Maßnahme dient. Sogenannte extrinsische Motivationsstrategien, wie sie noch vor wenigen Jahren an der Tagesordnung waren, plakativ „Tschakka-Methoden" genannt, setzen ein negatives Bild der Mitarbeiter voraus. Und sie führen deshalb mittelfristig zu Demotivation. Ich lehne sie ab.

Wenn Sie bereit sind, sich auf dieses Spiel einzulassen, wünsche ich Ihnen viel Spaß beim Lesen, beim Nachdenken über sich selbst und beim erfolgreichen Umsetzen der Prinzipien dieses Buches in Ihrem Arbeits- und Privatleben. Eine Sache noch: Wenn ich in diesem Buch von Kunden, Chefs und Mitarbeitern schreibe, sind natürlich immer Männer und Frauen gemeint.

Jetzt wünsche ich Ihnen ganz viel Spaß mit Hein Hansen. Ich habe mich inzwischen ein bisschen in den Kerl und seine klare Art verliebt. Und zum Schluss darf ich Ihnen noch ein Geheimnis verraten: Manchmal ist Hein Hansen sogar mehr Michael Ehlers als Michael Ehlers selbst. Denn aus so einer clownesken Figur heraus darf man sehr, sehr ehrlich sein.

Ich freue mich sehr auf Ihr Feedback zum Buch. Hein würde schreiben: „Wenn Ihnen datt Buch hier gefällt, sagen Sie es unbedingt meinem Ego und all Ihren Freunden. Ansonsten kannst Du den Sabbel halten …"

Michael Ehlers, November 2013.

1

Kennen Sie den Hamburger Fischmarkt?

„Nu glotz mal nich so blöde, sondern komm lieber ran und lies mal das Buch hier. Du siehst aus, als hättest du es nötig. Und deine Mitarbeiter auch!" Finden Sie nicht so gelungen als Einstieg für ein Verkaufsgespräch? Das ist seltsam, denn es gibt Orte, wo diese Art der Ansprache funktioniert. Sogar sehr gut funktioniert. Einen dieser Orte stelle ich Ihnen zum Einstieg kurz vor: den Hamburger Fischmarkt. Erstens weil ich mich da als Fischverkäufer sehr gut auskenne. Und zweitens weil wir, Sie und ich, dort so einiges über Motivation lernen können. Und weil Sie genau das wollen, haben Sie ja auch dieses Buch gekauft.

Auf dem Hamburger Fischmarkt stehen teilweise kettenrauchende Typen, die aussehen, als hätten sie ihre besten Tage hinter sich, vor Waren, die ihre beste Zeit noch vor sich haben – wenn sie nämlich bei Ihnen in der Küche landen und zu einem ausgezeichneten Mahl zubereitet werden. Bereits am späteren Morgen wird es für den einen oder anderen Fisch jedoch höchste Zeit, dass er endlich verkauft wird. Moment, sagen Sie jetzt: Die Waren da sind doch top-frisch. Das ist doch das Besondere am Fischmarkt. Deshalb geht man ja auch schon im Morgengrauen da hin. Frischen Fisch kaufen, von nach Salzluft riechenden Seeleuten gerade angelandet und so … Das stimmt zum Glück in den allermeisten Fällen. Aber genau hinsehen sollten Sie dennoch: Von Montag bis Samstag haben natürlich auch in Hamburg die Delikatessenläden geöffnet. Und natürlich geht die frisch angelandete Ware zuerst dorthin. Warum glauben trotzdem so viele Menschen, dass auf dem Fischmarkt die Ware frischer wäre? Wir sehen den Fischstand, wir sehen die Elbe. Wir denken: Wasser, Fisch, Verkaufsstand, frisch. Das ist, nicht immer, aber leider oft … falsch! Ein genauer Blick auf beziehungsweise in die Elbe würde uns unmissverständlich klarmachen, dass wir das, was da aus der Brühe frisch rauskommt, gar nicht essen wollen. Wirklich nicht. Die alten rumänischen Rostdampfer kommen da an und laden alles ab, was an Bord gerade irgendwie überflüssig ist. So ein bisschen Fäkalien, ein bisschen Diesel wird mal abgelassen, ab und zu mal eine Leiche der osteuropäischen Mafia, mit Betonschuhen und so. Das landet da, das wollen Sie doch nicht essen, bei aller Liebe nicht!

Die frischen Sachen – und die kommen nicht aus der Elbe – gehen also in die von Montag bis Freitag geöffneten Delikatessenläden. Dort herrscht ein ganz anderer Anspruch an die Ware als auf dem Fischmarkt. Frisch, schön, makellos muss das sein, was in die Auslage kommt. Denn sonst ist der anspruchsvolle Kunde zu Recht irritiert. Und alles, was am Montag nicht mehr schön und makellos wäre, kommt aus genau diesem Grund oft am Sonntag auf den Fischmarkt. Und dort ist es natürlich ein bisschen günstiger. Der Preis der Ware könnte also ein Erfolgsgrund sein. Warum gehen dann aber so viele Menschen, die finanziell nicht darauf angewiesen sind, dorthin und kaufen bei bester Laune in aller Herrgottsfrühe am heiligen Sonntag von Aale-Dieter und seinen Kollegen Fisch, den sie woanders zumindest in gleicher Qualität und zu einem ähnlichen Preis bekommen würden? Weil sie von Aale-Dieter und seinen Kollegen mehr bekommen als nur den Fisch. Sie bekommen Entertainment. Sie gehen dorthin, weil da was los ist, weil da gelacht wird. Weil die Stimmung so gut ist und sie ein bisschen was von dieser Stimmung abhaben wollen.

Entertainment von Aale-Dieter geht – mit rauer Marlborostimme gebrüllt – ungefähr so: „Ich hab hier den feinsten Aal und der ist ganz frisch. Und ich habe Graved Lachs, der ist auch super, und passt mal auf, guckt euch mal alleine diesen Lachs an hier, ich schneide den mal für euch auf!" Und er schneidet den Lachs auf, er klappt ihn auseinander und prahlt und preist: „Das ist Lachs, Freunde hier, das ist nicht so billiges Zeug, was du beim Lidl oder beim Aldi kaufst. Das sind Fische, die waren glücklich in ihrem Fjord. Normalerweise ist das Zeug unbezahlbar! Aber ihr seid meine Freunde, deswegen ist mir das heute scheißegal, ehrlich. Holt eure Kohle raus und passt auf, ich haue euch hier jetzt 'ne Tüte voll. Da kommen zwei Aale rein. Ich hau euch eins vor den Latz. Scheiß drauf, 'nen zweiten rein und dann noch extra eine Packung Graved Lachs obendrauf, das ganze Zeug muss raus. Für jeden 20 Euro und los, raus gehen die Tüten." Sein Kollege Hans stopft hinten die Tüten voll und die Marktbesucher halten jetzt ihre Scheine hoch. Dass hier nicht gewechselt wird, muss eine ältere Dame erfahren. Unbedarft hält sie einen 50-Euro-Schein in die Höhe. Aale-Dieter sieht den Fünfziger, hechtet nahezu aus seinem Verkaufsstand und schnappt ihn sich. „Guck mal, Hans, 50 Euro, super, da können wir morgen wieder zu Aldi. Pass auf, Omma, für 50 Euro ..." „Nee, ich wollt' nur für 20 ..." „Halt den Sabbel. Für 50 Euro kriegst du noch 'nen Lachs und noch 'nen Lachs und noch 'nen Lachs und noch drei Aale und jetzt hau ab hier, Silberlocke", wird der Dame beschieden. Die anderen Touristen stehen wie hypnotisiert daneben. Müsste man jetzt nicht einschreiten, müsste man nicht Zivilcourage zeigen? Muss man nicht, denn was macht die Dame? Sie bedankt sich, dreht sich um und geht mit ihrem Beutel mit viel zu viel Fisch und einer unbezahlbaren Erinnerung an Aale-Dieter ihrer Wege. Zu Hause kann sie was erzählen. Aber sie wird nicht erzählen, dass sie eigentlich 30 Euro zu viel bezahlt hat. Sie wird erzählen, wie toll doch der Besuch auf dem Fischmarkt war; und was da für verrückte Typen rumlaufen.

Das ist Fischmarkt, das ist Hamburgs beste Show. So funktioniert das da. Stellen Sie sich die Situation an der Frischtheke bei REWE oder Edeka vor. Sie wollen für 20 Euro einkaufen, bekommen von einem dahergelaufenen Typen ungefragt Ware für 50 Euro, die Sie gar nicht haben wollen, in Ihren Beutel eingepackt und werden obendrein noch derb beschimpft. Ein Gespräch in nicht wirklich entspannter Atmosphäre mit dem Filialleiter wäre Ihre mindeste Reaktion. Warum, wollen Sie wissen, geht das dann auf dem Hamburger Fischmarkt mit den gleichen Menschen, die im klassischen Lebensmittelhandel schon bei geringeren Anlässen mit dem Anwalt gedroht hätten? Was ist hier so anders?

Es funktioniert in dieser besonderen Atmosphäre und es funktioniert wegen der Show. Und dass Aale-Dieter und seine Kollegen so eine Show abziehen können, ist umso erstaunlicher, je genauer man hinsieht. Denn wenn die ersten Besucher um fünf in der Früh langsam auf den Markt kommen, haben die Kollegen schon einen halben Arbeitstag hinter sich. Da waren die schon auf dem Großmarkt, haben ihren Hänger schon in einen Marktstand verwandelt, Eis aufgeschüttet und den kalten Fisch drapiert. Habe ich schon erwähnt, dass Fischmarkt nicht nur im Sommer ist? Das geht jede Woche so. Auch im November und im Februar. Auch bei Regen, auch wenn die Kälte die Hände aufreißt und man spätestens um 5:30 Uhr in die olle Thermounterwäsche gekrochen ist. Fische verkaufen ist nicht nur ein harter Job, sondern es ist manchmal und zumindest auf den ersten Blick ein richtiger Scheißjob! Was uns ehrlich gesagt wohl alle von Zeit zu Zeit zu Fischverkäufern macht. Und um unter diesen Umständen erfolgreich sein zu können, brauchen diese Jungs etwas, was vielen anderen Menschen fehlt: Spaß an der Arbeit und Motivation. Sie haben so viel davon, dass sie allen Besuchern reichlich davon abgeben können. Und Motivation ist häufig das, was einem selbst und auch den Mitarbeitern fehlt.

Spaß an der Arbeit und Motivation. Das hätte doch was: Motiviert an einen Scheißjob zu gehen. Oder noch besser: So motiviert zu sein, dass wir den Job gar nicht als Scheißjob empfinden. Und das, was in der Idee drinsteckt, ist eine ganz alte Sehnsucht des Menschen. Das gibt's nicht erst seit Internet, ständiger Erreichbarkeit und Wirtschaftskrise: „Ich schlief und träumte, das Leben wäre Freude. Ich erwachte und sah, es war Pflicht. Ich handelte, und siehe, die Pflicht war Freude." Das stammt vom bengalischen Dichter Rabindranath Thakur. 1913 bekam er den Literatur-Nobelpreis. Ich glaube, ich habe schon erwähnt, dass ich nicht nur Fischverkäufer bin.

Zusammenfassung

Auf dem Fischmarkt herrschen ein rauer Ton und raue Arbeitsbedingungen. Und trotzdem herrschen ebenso hohe Zufriedenheit bei Kunden und Verkäufern. Die große Besonderheit des Fischmarkts sind Spaß an der Arbeit und eine hohe Motivation. Das sorgt für eine besondere Atmosphäre, die die Kunden mögen. Wenn sich Fischverkäufer in diesem Umfeld motivieren können, sollten wir das auch können. Wir werden lernen, wie das geht.

2

Was ist denn diese Motivation?

Motivation ist inzwischen ein beliebtes Schlagwort geworden, mit dem sich – praktischerweise auch ohne genaue Kenntnis der Bedeutung des Begriffs und besonders in der Beziehung zwischen Führungskraft und Mitarbeiter – viel erklären lässt. Besonders natürlich schlechtes Arbeitsklima und Misserfolge. Dem Mitarbeiter fehlt es dann an Motivation. Die Führungskraft hingegen versteht es einfach nicht, die Mitarbeiter entsprechend zu motivieren. Von denen sollen einige gar übermotiviert sein. Wenn was schiefgeht und man nicht genau weiß, woran das liegt, muss jedenfalls gerne die Motivation herhalten.

Der Wortstamm „movere" bedeutet „bewegen", „antreiben". Professor Dr. Werner Correll beschreibt Motivation in seinem Standardwerk „Motivation und Überzeugung" als „Zustand des Angetriebenseins und der Zuwendung, in welchem sich einzelne Motive manifestieren, die zu einer bestimmten Aktion führen." [1] So! Das reicht eigentlich schon. Aber es geht noch weiter: Er unterscheidet zwischen Aktionen zum Selbstzweck und Aktionen, die einem anderen Zweck dienen. Das führt zu der für uns sehr wichtigen Unterscheidung zwischen intrinsischer und extrinsischer Motivation. Dieser Wortgebrauch ist aus dem Amerikanischen übernommen. Und die Amis kennen sich damit aus.

Wenn Sie auf einem bestimmten Feld der Beste sein wollen, einfach um der Beste zu sein, sprechen wir von intrinsischer Motivation. Der Begriff bezeichnet das Bestreben, etwas um seiner selbst willen zu tun, sprich, weil es einfach Spaß macht, Interessen befriedigt oder eine Herausforderung darstellt. Wollen Sie der Beste sein, weil Sie dafür bestens bezahlt werden, sprechen wir von extrinsischer Motivation. Aber zur extrinsischen Motivation zählt nicht nur, dass man bestimmte Leistungen erbringt, weil man sich davon einen Vorteil verspricht, sondern auch, dass man Nachteile – im Extremfall auch Bestrafung – vermeiden möchte. Gemecker vom Chef beispielsweise. Raten Sie mal, in welchem Motivationszustand ein Mensch am intensivsten engagiert ist – also in der Verfassung ist, die sich Führungskräfte von ihren Mitarbeitern und Kollegen wünschen? Kleiner Tipp von Hein: Die intrinsische Motivation wird auch als „primär" bezeichnet, die extrinsische als „sekundär". Na? Ich verrate Ihnen das:

---

1) Werner Correll: *Motivation und Überzeugung in Führung und Verkauf*, Heidelberg 2006.

Bei der primären Motivation ist der Mensch am engagiertesten. Und vor allem: In diesem Zustand ist er auch am zufriedensten. Das liegt daran, dass bei der primären Motivation keine zusätzlichen Erfolgserlebnisse – beispielsweise Bezahlung – nötig sind. Die Befriedigung wird aus dem Tun selbst erfahren. Stellen Sie sich einen Angler vor. Frühmorgens macht er sich auf den Weg, hat vielleicht sogar Streit mit der Frau riskiert, weil er „schon wieder" lieber einen Haken an einem Faden ins Wasser hängt, als mal gemütlich mit ihr und den Kindern zu frühstücken. Er hat viel Geld in seine Ausrüstung investiert, er fährt weit, er läuft noch ein Stück und schleppt dabei 30 Kilo Ausrüstung. Irgendwann sitzt er am Fluss oder am See und lässt sich von Mücken zerstechen. Später fährt er, mit oder ohne Fisch, zufrieden nach Hause. Dem könnten Sie kiloweise frischen Fisch von Aale-Dieter anbieten. Und sogar noch gebraten servieren. Der würde trotzdem nicht zu Hause bleiben: weil es ihm nicht auf den Fisch, sondern auf die Tätigkeit des Fischens ankommt. Weil die ihn glücklich macht. Jemand, der das tun darf, wozu er motiviert ist, ist nicht nur glücklich, sondern er ist auch maximal einsatzbereit. So weit ist also alles gut. Schade ist nur, dass für die meisten Menschen ihre Berufstätigkeit sekundär motiviert, also Mittel zum Zweck ist: sprich, um Geld oder Anerkennung zu verdienen. Schließlich müssen Wohnung, Auto, Urlaub, Fischmarktbesuch und so weiter bezahlt werden. In ganz schlimmen Fällen empfindet der Betroffene die Entlohnung nur noch als Schmerzensgeld. Und dieses Schmerzensgeld beziehen – wie wir gleich sehen werden – ziemlich viele Menschen in deutschen Unternehmen.

Bevor wir uns aber anschauen, wie es genau um die Motivation in deutschen Unternehmen bestellt ist, merken wir uns kurz: Sekundäre Motivation ist dennoch nicht gleichbedeutend mit Bezahlung. Es gibt verschiedene Dinge, die Mitarbeiter motivieren. Für uns ist das nicht ganz unwichtig. Wir werden uns nämlich später die verschiedenen Typen und das, was sie motiviert, genauer ansehen.

Zusammenfassung

Motivation beschreibt die Dinge, die uns antreiben. Wir unterscheiden zwischen

- intrinsischer Motivation
  und
- extrinsischer Motivation.

Intrinsisch – von innen heraus – motiviert ist der Mensch am leistungsbereitesten. Wir müssen wissen, dass die Dinge, die ihn antreiben, individuell verschieden sind.

3

Die Motivationsstruktur in deutschen Unternehmen

Die Gallup-Studie oder warum dieses Buch nötig ist

Dass es vielen Menschen an Spaß an der Arbeit und an entsprechender Motivation fehlt, ist natürlich nicht Ihr Problem. Aber nur, solange diese Menschen nicht für Sie oder mit Ihnen arbeiten. Es ist jedoch höchst wahrscheinlich, dass sie es tun, und es ist ebenfalls höchst wahrscheinlich, dass Sie als Führungskraft oder als Kollege genau wissen, wer in Ihrem Unternehmen oder in Ihrer Abteilung am Montag um kurz nach 12:00 Uhr bereits wieder auf das nächste Wochenende wartet. Um je nach persönlicher Disposition Hechte, dem anderen Geschlecht hinterher oder neue Laufstreckenrekorde zu jagen. Wenn das der Fall ist, haben Sie jedenfalls ein richtiges Problem. Aktuell sprechen Modellrechnungen des US-Beratungsunternehmens

Gallup von 124 Milliarden Euro Schaden, der deutschen Unternehmen durch demotivierte Mitarbeiter entsteht. [1] Sie können sich fragen, wie viel davon Ihr Geld ist – jedenfalls müssten Sie dafür eine Menge Fisch verkaufen. Sie können sich aber auch fragen, warum der Anteil der demotivierten Mitarbeiter, die ja – und das dürfen Führungskräfte nie vergessen – eigentlich alle grundsätzlich leistungsbereit sind, so hoch ist.

Nahezu jeder vierte Mitarbeiter hat innerlich bereits gekündigt. Genauer gesagt: Der Anteil der hochmotivierten Angestellten ist im Untersuchungszeitraum von 2001 bis 2012 bei 15 Prozent nahezu unverändert geblieben. Um acht Punkte auf 61 Prozent geschrumpft ist die Gruppe derjenigen Menschen, die Dienst nach Vorschrift machen, weil sie nur eine geringe emotionale Bindung an das Unternehmen haben. Etwa im gleichen Umfang, plus neun Punkte auf 24 Prozent, ist seit 2001 die Gruppe derjenigen gewachsen, die innerlich bereits gekündigt haben. Das wären immerhin 8,4 Millionen Menschen. [2] „Ja arbeiten denn hier nur Idioten?" ist der beliebte Ausruf all derjenigen, die noch versuchen, etwas zu bewegen. Da Sie dieses Buch lesen, gehe ich davon aus, dass Sie zu dieser Gruppe gehören. Ich will es mal in hanseatischer Klarheit und Offenheit sagen: Der größte Döspaddel hier sind Sie! Dann nämlich, wenn Sie diese Situation einfach hinnehmen. Der wichtigste

---

1,2) Gallup Engagement Index, www.gallup.de.

Grund für das fehlende Engagement der Mitarbeiter sind ihre Chefs! Das ist ganz einfach schlechtes Management. Und tatsächlich gibt es als Führungskraft ja auch jenseits totaler Inkompetenz einiges falsch zu machen. Schauen wir mal:

Vater-Chef/Chef-Vater

Die Führungskraft, die wir uns anschauen, ist vielleicht nicht nur verantwortlich für den größten europäischen Hersteller von Plastikkarten-Rohlingen oder leitet die Vertriebsabteilung des zweitgrößten Abfüllers von natürlichem Mineralwasser, sondern ist auch Vater. Vater eines süßen kleinen Würmchens. Ein richtiger Fratz, der da heranwächst. Der sich eines schönen Sonntags zum ersten Mal auf seinen Wackelbeinchen am Sofa oder an der Wand hochstemmt. Süüüüß! Und jetzt passiert es: Der Kleine macht einen ersten zaghaften Schritt. Ganz ohne sich festzuhalten! Und noch einen und … nee, jetzt ist er hingefallen. Vati ist trotzdem ganz aus dem Häuschen. „Schnell Schatzi, die Videokamera", ruft er. „Er geht, quatsch, er läuft. Beinahe wie Usain Bolt." Vati ist stolz. Aber das geht doch bestimmt noch besser. „Komm, Schnuckel. Einfach wieder versuchen. Wir schaffen das." Und Vati hält die Hände seines Kleinen, lässt los. Redet beruhigend. Hebt den Burschen zum fünften, zum sechsten, zum zehnten Mal auf. Und platzt fast vor Glück und Stolz. So ein schöner Nachmittag! Sie kennen das vermutlich. Wir behalten die Szenerie bei und wechseln nur einen Teil des Personals aus. Wir tauschen Vati gegen die typische deutsche Führungskraft. Sie wissen, was passiert? Der Kleine macht einen ersten zaghaften Schritt. Ganz ohne sich an Papi festzuhalten! Er macht einen eigenen Schritt. Und noch einen und … nee, jetzt ist er hinge- fallen. Die Führungskraft ist ganz aus dem Häuschen: „Mein Gott. Stellst du dich wie- der blöd an. Sechs Milliarden Menschen auf diesem Planeten sind in der Lage, unfall- frei einen Fuß vor den anderen zu setzen. Nur der feine Herr stellt sich mal wieder zu doof an." Und so weiter und so fort. Natürlich ist diese Dar- stellung überspitzt. Aber wenn Sie genau überlegen, mer- ken Sie: nur ein bisschen. Wir motivieren das Kind, Neues zu lernen. Wir halten es an, sich auszuprobieren. Aber ir- gendwann hört das auf. Spätestens im Arbeitsverhältnis ist das alles vergessen. Dann ist der Junge ja auch langsam alt genug, um die Realitäten zu erkennen. Und das heißt, zu erkennen, welche Wertschätzung und vor allem welches Vertrauen ihm als Mitarbeiter entgegengebracht wird. Und er merkt höchstwahrscheinlich, so viel ist das alles nicht. Und das ist schlimm. Denn es gilt: Je geringer die dem Mit- arbeiter entgegengebrachte Wertschätzung ist, umso gerin- ger ist seine emotionale Bindung an das Unternehmen.

Nicht nur die erwähnte Gallup-Studie erkennt diesen di- rekten Zusammenhang zwischen der emotionalen Bin- dung des Mitarbeiters und seiner Motivation, seinem Pro- duktivitätswillen. Professor Felix von Cube, geschätzter Autor mehrerer Standardwerke der Manager-Literatur, hat das, was die Gallup-Studie empirisch nachweist, sogar von einem verhaltensbiologischen Ansatz aus untersucht und kommt zu den Kernaussagen: Der Mensch ist grundsätzlich leistungsbereit. Und: Ein guter Vorgesetzter vermittelt seinen Mitarbeitern Lust an Leistung. Er erzeugt Identifikation – also emotionale Bindung – und führt zum gemeinsamen Handeln. Zwischen emotionaler Bindung und Motivation besteht eine echte Analogie, ein kausaler Zusammenhang. Tue dies und du erreichst das.

Übrigens: Wenn Sie Führungskraft sind und nicht wissen, was genau Sie tun müssen, ist das kein Grund, freiwillig den Posten abzugeben. Denn wie die allermeisten Führungskräfte in Deutschland sind Sie vermutlich – und hoffentlich zu Recht – aufgrund Ihrer guten fachlichen Leistung nach oben gekommen und haben für Führungsanforderungen einfach oft keine oder nicht die richtige Ausbildung genossen. Denn die „geborene Führungspersönlichkeit" gibt es wirklich nur ganz selten. Jemanden, der Menschen von Natur aus gewinnen kann. Genau das ist es, was Sie tun müssen. Es ist so, wie der sehr erfolgreiche Industriemanager Hans Christoph von Rohr, der unter anderem zehn Jahre bei einem Hamburger Schifffahrtsunternehmen tätig war und sich deshalb eventuell auch auf dem Fischmarkt sehr gut auskennt, gesagt hat: „Sie können sich Kapital beschaffen, Sie können damit Fabriken bauen. Aber Ihre Mitarbeiter müssen Sie gewinnen." So gewinnen, wie Aale-Dieter seine Kunden für sich gewinnt.

Zusammenfassung

Die Gallup-Studie stellt zwar den deutschen Angestellten ein schlechtes Zeugnis bezüglich ihrer Motivation aus. Der wichtigste Grund für das fehlende Engagement der Mitarbeiter sind jedoch die Führungskräfte. Ein guter Vorgesetzter vermittelt seinen Mitarbeitern Lust an Leistung. Er erzeugt Identifikation – also emotionale Bindung –, und das führt zum gemeinsamen Handeln.

4

Wir sind alle die Größten

Sie sind Führungskraft? Jetzt mal ehrlich. Eigentlich waren Sie doch bisher der Meinung, dass zumindest bei Ihnen in der Abteilung, in Ihrem Team, alles in Ordnung ist. Wenn ich Sie gefragt hätte, auf dem letzten Kongress oder sonstwo: „Sag mal, wie ist es denn so um die Motivation in deiner Abteilung bestellt?" Dann hätten Sie mir als Führungskraft geantwortet: „Och du, eigentlich super. Und wenn ich einen erwische, der nicht dauerhaft motiviert ist, der nicht mitzieht, den schmeiß' ich raus. Hochkant. Ich meine, einen schlechten Tag kann sicher jeder mal haben. Aber grundsätzlich würde ich sagen, dass in meiner Welt alles in Ordnung ist." Ich bin sicher, Sie hätten vielleicht eine andere Wortwahl bevorzugt. Aber Sie hätten auf jeden Fall mit einer positiven Grundstimmung geantwortet.

Nun ist aber nicht alles in Ordnung. Und angesichts der eklatanten Ergebnisse der Gallup-Studie dürfte Ihnen kaum entgangen sein, dass auch bei Ihnen in der Abteilung nicht alles nach Rosen duften kann. Jetzt gibt es verschiedene Möglichkeiten, warum Sie nicht wahrheitsgemäß etwas in der Art von „Na ja, so richtig toll ist es nicht und ich hab sogar ein paar richtig faule Äpfel dabei" geantwortet haben. Die erste Möglichkeit wäre, dass Sie zumindest wissen, was Sache ist, und einfach eiskalt gelogen haben. Das wäre die beste Variante. Die zweite Möglichkeit wäre, dass Sie tatsächlich keine Ahnung haben, wie es Ihren Mitarbeitern so geht. Das wäre richtig schlecht. Die dritte Möglichkeit ist, dass Sie schon irgendwie eine dunkle Ahnung hatten, dass es nicht so richtig toll ist, Sie diese dunkle Ahnung aber lieber verdrängt haben. Das wäre noch o.k. Zumindest verständlich. Warum, das erkläre ich Ihnen jetzt.

Verdrängung

Werfen wir mal einen Blick darauf, warum die mangelnde Motivation und die Gründe, die dahinterstecken, von Ihnen entweder nicht wahrgenommen oder verdrängt werden. Und da ist auch schon unser Schlüsselwort: Verdrängen. Verdrängen ist an sich – wenn es nicht um tief gehende Traumata geht – eine sehr hilfreiche Sache. Ein psychologischer Schutzmechanismus. Der hilft übrigens auch den demotivierten Mitarbeitern, ihren Job zu machen, soweit es eben geht. Und er hilft auch, manche speziellen Arbeitssituationen zu bewältigen. Nämlich diejenigen, die derart

frustrierend sind, dass eigentlich nur die Kündigung bleibt. Trotzdem: Würde man einem Angestellten eine ähnliche Frage stellen, nämlich wie es mit seiner eigenen Motivation aussieht, dann bekäme man höchstwahrscheinlich, wenn man die Frage nicht um 0:30 Uhr am Tresen stellen würde, eine ähnlich positive Antwort: „Klar, ich bin eigentlich immer motiviert." Nur stimmt das eben nicht. Und auch diese Antwort ist in Verdrängung begründet.

Verdrängung ist nicht immer schlecht. Tatsächlich hilft sie uns, uns auf etwas zu konzentrieren, was eigentlich im Moment nicht höchste Priorität für uns hätte. Ich erkläre das mal an einem Beispiel. Auf dem Fischmarkt, aber auch an allen anderen Ständen, an denen etwas verkauft wird, ist das wunderbar zu sehen. So! Der Stand sieht gut aus, das Eis ist aufgeschüttet, der Fisch schön präsentiert, die Ware ist komplett ausgezeichnet und dann kommt der erste Kunde. Und spätestens ab diesem Moment spielen die Sorgen, die die Verkäufer wie alle anderen Menschen auch im Alltag betreffen, überhaupt keine Rolle mehr. Nicht das schlechte Zeugnis der Tochter, nicht die Frage, ob ich die Kosten für die Inspektion des Autos zahlen kann, wo die Karre doch schon auf der Fahrt zur Werkstatt so komische Geräusche gemacht hat. Und auch nicht, was nun aus Vatter wird, mit seiner schlimmen Hüfte. Nein. In diesem Moment existiert nur der Kunde. Das Verkaufsgespräch ist alles, was noch eine Rolle spielt. Das ist ein Mitnahme-Geschäft hier. Anhauen, umhauen und abkassieren. So sieht das aus. Rambazamba muss da jetzt am Stand sein. Ansprechen.

31

Komm mal ran hier. Zur Ware bringen … die hohe Kunst des Verkaufens. Die steht jetzt im Mittelpunkt. Verkaufen ist jetzt die priorisierte Aufgabe im Kopf. Und zum Glück haben wir diesen Verdrängungsmechanismus im Kopf. Der sorgt nämlich dafür, dass ich das kann: mich ganz auf die Aufgabe konzentrieren. Der sorgt dafür, dass alle anderen Themen, die mich sonst gerade so interessieren oder belasten, in den Hintergrund rücken. Das schlechte Zeugnis oder dieser seltsame Schmerz in der Brust, wegen dem ich eigentlich schon vor vier Wochen zum Arzt wollte. Denn wenn ich über diesen Schmerz nachdenken würde, könnte ich mich nicht auf den Kunden konzentrieren. Und das wäre nicht gut. Das Kundengespräch – der Job, das Einkommen – ist in diesem Fall die absolute Grundlage von allem. Denn dieser Job sorgt dafür, dass ich mich zumindest materiell um meine Tochter kümmern und die Werkstattrechnung für das Auto bezahlen kann. Tatsächlich schaffe ich mir dadurch auch ein positives Selbstbild: Ich bin ein guter Fischverkäufer. Ich will und werde heute erfolgreich Fisch verkaufen, ich werde viele Kunden glücklich machen.

Allerdings hat die Sache einen Haken. Verdrängung funktioniert nur bis zu einem gewissen Maße. Und dieses „gewisse Maß" ist von Individuum zu Individuum verschieden. Wenn Verdrängung perfekt funktionieren würde, gäbe es keine Traumata und keine posttraumatischen Störungen. Die sind aber für viele Menschen – Missbrauchsopfer, heimgekehrte Soldaten, Unfall-Überlebende – bittere Realität. Verdrängung funktioniert bei manchen Sorgen leichter als bei anderen. Ein plötzlicher Trauerfall in der Familie ist natürlich schwerer zu verdrängen als eine drohende Stilllegung des eigenen Autos durch den TÜV. Und wenn so etwas passiert, ein Trauerfall, dann nimmt, wer kann, einen Tag frei oder Urlaub. Und das ist völlig o.k. und akzeptiert.

Manchmal geht das aber nicht. Ich erzähle Ihnen dazu ein Beispiel aus der Welt des Motivations-Coachings: Da war dieses Team von Coachs. Der Chef an der Spitze und zwei Kotrainer. Ein Projekt, an dem ein ganzes Team über ein Jahr gearbeitet hatte. Mit einer Investitionshöhe weit jenseits der 100.000 Euro. Der Kunde war ein großes Industrieunternehmen. Die Kick-off-Veranstaltung war für diesen Morgen um 9:00 Uhr geplant. Alles war bereit. Bei den Trainern herrschte höchste Konzentration. 120 Führungskräfte warteten im Schulungsraum der neu errichteten Konzernzentrale auf den ersten Motivationsvortrag. Das Team und der Referent waren gut drauf. Da klingelte das Telefon. Die aufgelöste Ehefrau des Cheftrainers teilte unter Tränen mit, dass ihre Mutter, mit der der Cheftrainer ebenfalls sehr eng verbunden war, gestorben sei. Batsch! Und jetzt? Die Frau saß heulend zu Hause. Der Mann sollte gleich den Vortrag halten, der ein ganzes Team über Wasser halten würde. Jetzt mussten grundlegende Dinge schnell erledigt werden. Eine gute Freundin wurde angerufen, damit die Ehefrau nicht mehr allein zu Hause saß. Dann mussten die ersten Formalitäten in Gang gebracht werden. Zudem lebte die Schwiegermutter des Cheftrainers 2.500 Kilometer entfernt im Ausland und die wesentlichen Maßnahmen, wie Beerdigung und so weiter, mussten vor Ort erledigt werden.

Tausend Dinge, die jetzt plötzlich wichtig wurden. Aber da draußen, im chromblitzenden, nagelneuen Schulungsraum, warteten 120 Führungskräfte darauf, durch einen Impuls-Vortrag bespaßt zu werden. Nachdem die wesentlichen Dinge grob geklärt waren, bat der Coach einen Kollegen, eine kurze und normalerweise nicht übliche Einleitung zu halten, mit den wartenden Führungskräften den technischen Ablauf und Details zu klären, um einfach noch eine halbe Stunde zu gewinnen, um sich zu sammeln. Die Trauer drückte. Aber jetzt galt es, den Fokus ganz auf das Wesentliche hier und jetzt in diesem Moment scharf zu stellen. Und das war eben ein gelungener Vortrag. Konzentration, das gedankliche Zurückrufen der Wichtigkeit des Projekts, nicht nur für den Trainer, sondern auch für die vielen Mitarbeiter, die in das Projekt eingebunden waren, sorgte dafür, dass die in diesem Moment richtige Priorisierung wieder im Kopf war. Um es abzukürzen: Der Vortrag und das gesamte Event wurden ein Erfolg. Aber dann, um Punkt 17:00 Uhr, brach Hein Hansen zusammen und musste sich von einem Kollegen, dem er sich anvertraut hatte, nach Hause bringen lassen. Der Coach war ich. Und warum erzähle ich Ihnen diese Geschichte? Natürlich damit Sie wissen, dass man mich auch für Vorträge und Coachings buchen kann. Aber vor allem um Ihnen zu zeigen, dass wir in der Lage sind, Aufgaben, Herausforderungen und Probleme in unserem Kopf unterschiedlich zu priorisieren. Haben wir wichtige Aufgaben – jetzt aktuell –, dann sind wir in der Lage, die Probleme, die eigentlich unser

Denken beherrschen sollten, zu unterdrücken und zu verdrängen und das Wesentliche in den Mittelpunkt zu stellen.

Ich mach mir die Welt, wie sie mir gefällt

In Bereichen wie Verkauf oder Mitarbeiterführung ist das tatsächlich ein sehr positiver Effekt, weil diese positive Art zu denken und zu arbeiten dafür sorgt, dass es zu einer Art selbsterfüllender Prophezeiung kommt. Die „selbsterfüllende Prophezeiung" wurde von Robert K. Merton als sozialer Mechanismus zur Erklärung der Auswirkungen bestimmter Einstellungen und Handlungsweisen analysiert, gemäß dem Thomas-Theorem: „Wenn die Menschen Situationen als real definieren, sind sie in ihren Konsequenzen real."[1] Einfacher gesagt: Wir können uns positive Bilder in unserem Kopf schaffen, und diese Bilder bestimmen darüber, wie wir unsere nächsten Stunden und manchmal sogar – wenn wir von langfristigen Zielen oder Visionen sprechen – unser Leben gestalten werden. Denn weil wir uns mit diesen Bildern in unserem Kopf identifizieren, passen wir unser Handeln entsprechend an. Das heißt: Wenn wir bei unserer Arbeit sind, wenn wir Mitarbeiter führen, schaffen wir uns positive Selbstbilder, die unseren Arbeitsalltag so motivierend wie irgend möglich gestalten. Denn uns

1) Robert K. Merton: „The self-fulfilling prophecy", in: *Antioch Review*, Jg. 8, 1948.

einzugestehen, dass uns der Job keinen Spaß macht, langweilt und frustriert, oder eben uns einzugestehen, dass der eigene Mitarbeiterstab ein bockloser Haufen ist, den man selbst nicht dazu bewegen kann, den Arsch hochzukriegen, das würde erst richtig demotivieren. Und das wollen wir verhindern. Dazu brauchen wir diesen Verdrängungsmechanismus. Und das ist nichts Schlimmes. Es ist sogar sehr gut, wenn wir dadurch unser Selbstbild positiv gestalten können.

Aber eben weil wir unser Selbstbild gestalten können und weil wir uns die Welt zumindest für einen Moment so machen können, wie sie uns gefällt, ist die Gallup-Studie so wichtig: Weil sie uns klipp und klar sagt – nüchtern und empirisch abgesichert und geprüft –, wie es um die Motivation der deutschen Angestellten bestellt ist. Würde man sie auf der Straße oder auf der Arbeit – womöglich offen und nicht anonymisiert – fragen: „Wie gefällt dir dein Job?", würde ein großer Teil antworten: „Gut." Genauso wie man auf die Frage „Wie geht es dir?" nahezu automatisch antwortet: „Gut!" Doch zumindest was den Teil mit dem Job angeht, stimmt das meistens nicht. Der Großteil der Angestellten mag seinen Job nicht und ist nicht wirklich motiviert.

Und das, stellt die Gallup-Studie fest, ist die Schuld des Managements, die Schuld der Führungskräfte. Aber: Diese Schuld relativiert sich natürlich deutlich. Denn auch die einzelne Führungskraft kann nichts dafür, wenn die ganze Unternehmenskultur miserabel ist. Wenn es beispielsweise eine schlechte Meeting-Kultur gibt, eine problemorientierte Kultur, in der – der Name sagt es – ausschließlich von Problemen und nie von Lösungen gesprochen wird. Wenn so eine

Unternehmenskultur etabliert ist, fällt es der einzelnen Führungskraft schwer, dort auszubrechen. Besonders dann natürlich, wenn die eine Führungskraft der anderen Führungskraft diese Kultur vorlebt. Kommt da plötzlich einer um die Ecke und fängt an, in Lösungen zu denken und zu sprechen! Geht gar nicht! Ich verspreche Ihnen, der wird schnell Erfolg haben. Aber er wird – wenn er Pech hat – schnell wieder vom System ausgeworfen werden.

Ob schuldig oder nicht: Klar ist, dass Selbst- und Fremdwahrnehmung der Motivation von deutschen Mitarbeitern durch ihre Führungskräfte weit auseinanderklaffen. Das beruht natürlich auch auf ein paar Missverständnissen. Denn fragt man Führungskräfte, was wohl das Motivierendste für ihre Mitarbeiter sei, dann sagen die: „Geld!" Die Bezahlung. Untersuchungen haben aber bewiesen und beweisen Jahr für Jahr aufs Neue: Die Entlohnung steht auf einer Zehner-Skala klar im unteren Drittel. Viel weiter oben stehen Dinge wie Vertrauen, Wertschätzung und Respekt oder die Möglichkeit, eigene Ideen ins Arbeitsleben einbringen zu können.

Wie können Führungskräfte diesen Widerspruch auflösen? Einfach mal miteinander schnacken. Es muss mehr Kommunikation zwischen Führungskräften und Mitarbeitern passieren. Und zwar auf Augenhöhe. Viele moderne Unternehmen setzen auf flache Hierarchien. Das bedeutet nicht, dass es überhaupt keine Hierarchien mehr gibt. Es gibt natürlich immer noch Führungskräfte und Mitarbeiter. Wäre ja noch schöner. Aber unter flacher Hierarchie wird eine Veränderung der Unternehmenskultur dahingehend verstanden, dass die auf Augenhöhe miteinander kommunizieren. Und wenn man das macht, fällt es den Mitarbeitern auch leichter zu sagen, was sie wirklich interessiert, was sie motiviert, welche Aufgaben sie gerne übernehmen wollen. Dann muss die Führungskraft das nicht alles bloß vermuten. Dann weiß sie das aus erster Hand.

Zusammenfassung:

Führungskräfte nehmen die schlechte Motivation ihrer Mitarbeiter oft nicht wahr. Das hindert sie daran, auf die Bedürfnisse ihrer Mitarbeiter gezielt einzugehen. Für dieses Verhalten sind verschiedene psychologische Prozesse wie Verdrängung oder unser Wunsch nach einem positiven Selbstbild verantwortlich. Anhand dieses Wissens können wir lernen, diese Prozesse zu unserem Vorteil zu nutzen.

5

Die Mitarbeiter-Typologie

Der gestandene Fischverkäufer hat es in jahrelanger Erfahrung gelernt. Er kennt seine Kunden. Er weiß, bei welchem Typ er wie weit gehen kann – übertreiben darf er es schließlich auch nicht. Und so wie er seine Kunden kennt, sollte jede Führungskraft ihre Mitarbeiter kennen. Und da kommt es richtig dicke. Drei Typen macht die Gallup-Studie aus: Den hochengagierten, den unengagierten Mitarbeiter, der die große Masse ausmacht, und den aktiv unengagierten Mitarbeiter. [1] Und der letztgenannte Typ tut uns richtig weh.

---

1) Gallup Engagement Index.

Die hochengagierten Mitarbeiter

Die hochengagierten Mitarbeiter sind nicht unser Problem als Führungskraft. Ein hochengagierter Mitarbeiter identifiziert sich voll und ganz mit dem Unternehmen und dessen Zielen. Er hat eine hohe emotionale Bindung zu seinem Arbeitgeber. Führungskräfte benennen Hochengagierte als ihre Top-Mitarbeiter. Wenn der hochengagierte Mitarbeiter während eines Projekts oder einer Aufgabe einen Fehler sieht, beseitigt er diesen. Ohne seinen Chef zu fragen. Er nutzt seinen Geist, seine Möglichkeiten, seine Werkzeuge. Hindernisse sind für ihn eine Herausforderung und werden beseitigt. Ein Projekt wird einfach selbstständig bis zum Erfolg durchgezogen. Solche Leute braucht man im Allgemeinen nicht zu kontrollieren. Im Jahr 2001 gab es von diesen Mitarbeitern 16 Prozent. Im Dezember 2011 waren es nahezu unverändert noch 14 Prozent. Es wird diesen Typ mit der besonders hohen Motivation immer geben. Machen Sie übrigens trotzdem nicht den Fehler, sich nur die hochengagierten Typen ins Team zu holen. Schnell haben Sie zu viele Häuptlinge und zu wenige Indianer. Ein funktionierendes Team, eine erfolgreiche Mannschaft besteht nicht nur aus Stars. Der Wasserträger, der seine Sache einfach, aber gut macht, ist für den Erfolg genauso wichtig. Und glücklicherweise gehört der große Teil der Arbeitnehmer zu genau dieser Gruppe.

Übrigens, sollte Ihre Motivation als Führungskraft nicht ebenfalls, sagen wir mal, sonderlich hoch sein, dann aufpassen. Dieser Typ überholt Sie rechts und wird meistens schnell befördert. Ich sage das nur so, weil ich nett zu Ihnen bin. Schließlich lesen Sie gerade mein Buch und haben hoffentlich anständig dafür bezahlt. Was Sie mit der Info machen, ist natürlich Ihre Sache. Zudem können hochmotivierte Mitarbeiter zu einem Problem werden, weil sie der natürliche Feind der weniger bis gar nicht engagierten Mitarbeiter sind.

Die große Masse

Die Zahl der zugehörigen Mitarbeiter ist hoch, ihre emotionale Bindung an das Unternehmen dagegen eher gering. So wie sie sind, sind sie für uns nicht wirklich spannend. Der Anteil dieser Mitarbeiter pendelt sich zumeist irgendwo um die 70 Prozent ein. Dieser Mitarbeiter macht im wahrsten Sinne des Wortes Dienst nach Vorschrift. Er macht das, was vereinbart wurde. Nicht mehr, aber auch nicht weniger. Der Chef sagt: „Wenn heute Feierabend ist, machst du in deinem Büro das Licht aus." Es ist Feierabend. Der Mitarbeiter oder die Mitarbeiterin geht hin und macht in seinem oder ihrem Büro das Licht aus. Plötzlich ein Problem. So ein Stress. Und das, wo es doch schon fünf ist: In einem anderen Büro brennt noch Licht. Es ist keiner mehr drin. Was tun? Ach … ist doch kein so großes Problem. Schließlich hat der Chef ausdrücklich gesagt, mach' in *deinem* Büro das Licht aus. Von anderen Büros war, soweit man sich erinnern kann, nicht die Rede. Also durch den hell erleuchteten Gang zum Ausgang, rein ins Auto und mit gutem Gewissen ab nach Hause. So tickt diese Gruppe: Not my fucking job. Die Vereinbarungen, die Sie mit dieser Gruppe treffen, sollten also besser sehr präzise sein. Hier ist nicht die Rede von Zielvereinbarungen. Hier geht es um konkrete Arbeitsanweisungen. Die dahinein investierte Zeit und die investierten Nerven können Sie sich natürlich sparen, wenn Sie einen Weg finden, die emotionale Bindung des Mitarbeiters zu erhöhen. Abrutschen darf er auf jeden Fall nicht. Sonst haben Sie einen weiteren Problemfall aus der nächsten Kategorie.

Die aktiv unengagierten Mitarbeiter

Auch wenn ich Sie in diesem Abschnitt mit Zahlen bombardieren werde: Die aktiv unengagierten Mitarbeiter bilden die spannendste der drei Gruppen. Die, die schon innerlich gekündigt haben. Die, die nur noch denken: Scheißladen! Eine emotionale Bindung an das Unternehmen und seine Ziele besteht nicht. Wir haben in deutschen Unternehmen davon inzwischen so viele wie nie zuvor. Mit aktuell 24 Prozent zählt fast ein Viertel aller Mitarbeiter zu dieser Gruppe. Zu einer Gruppe, die aktiv gegen die Unternehmensziele arbeitet. Was für ein Verlust! Nach Berechnungen der Gallup GmbH würde der wirtschaftliche Gewinn für ein Unternehmen mit 20.000 Mitarbeitern, das die Gruppe der aktiv unengagierten Mitarbeiter von 15 Prozent auf 10 Prozent verringern könnte, rund 5,6 Millionen Euro pro Jahr betragen. Rechnen Sie das mal durch und erinnern Sie sich: Grundsätzlich ist jeder Mensch leistungsbereit. Aber diese Mitarbeiter sind es in ihrem aktuellen

Zustand nicht. Was macht diesen Typ Mitarbeiter darüber hinaus so gefährlich für das Unternehmen, so gefährlich für Ihr Team? Das Licht im Nachbarbüro haben die anderen schließlich auch nicht ausgemacht. Kann man dieses Viertel nicht einfach wie bisher durchschleppen? Kann man, sollte man aber nicht, wenn man sich und die übrigen Mitarbeiter schützen will. 78 Prozent der hochengagierten Mitarbeiter sagen, dass sie Spaß bei der Arbeit haben. Manchmal hat auch der aktiv unengagierte Kollege Spaß – wenn schon nicht bei, dann eben auf der Arbeit. Er sucht sich eine andere Freude. Und er sorgt dabei dafür, dass man diese Freude nicht auf den ersten Blick entdeckt – es sei denn, man schaut mal etwas genauer auf die Fehltage. Im Gegenteil. Oft sind diese Leute sehr beliebt bei ihren Vorgesetzten. Wir werden jetzt mal „sehr gewöhnlich", wie meine bessere hanseatische Kundschaft zu sagen pflegt, wenn sie ein Verhalten wirklich „nicht gut" findet. Folgende Situation: Mitarbeiter trifft Vorgesetzten. Gute Gelegenheit für ein Gespräch: „Sie wissen ja, dass wir eine neue Mitarbeiterin haben. Ich habe jetzt gehört, ausdrücklich gehört, gesehen habe ich es selbst nicht – sonst hätte ich natürlich schon eingegriffen –, dass die Dame, die fachlich ja vermutlich top ist, bereits dreimal zu spät gekommen ist und sich wohl von jemand anderem hat einstempeln lassen. Das gibt natürlich Unruhe im Team. Vielleicht können Sie mir mal helfen, wie ich damit umgehen soll. Sie sind da ja doch erfahrener. Oder Sie suchen mit Ihren Kompetenzen selbst mal das Gespräch mit Ihr? Im Übrigen freue ich mich schon auf das Meeting nächste Woche mit Ihnen zusammen…" Und so weiter und so fort.

So! Nächste Szene: Der Chef hat auch eine harte Woche gehabt. Ohne Ende Überstunden, das Meilenkonto mal wieder richtig aufgeladen. Pünktlich zu Hause war er auch wieder nicht. Das hat seiner Frau natürlich nicht gefallen. Der Rasen hätte auch gemäht werden müssen und die Schulaufführung… und jetzt, nach Baustelle an Baustelle, kommt er endlich im Büro an. Blutdruck bei 120. Das kann nur der Chefparkplatz wiedergutmachen. Und da steht einer drauf. Und jetzt geht er rein. Und da auf dem Flur: die neue Mitarbeiterin. Was jetzt kommt, dürfte klar sein. Dem Chef geht's hinterher besser. Die Motivation der Neuen, die eigentlich zu den oben genannten 70 Prozent gehörte und die gar nicht weiß, was jetzt los ist, und die überhaupt vielleicht ganz unschuldig ist, ist endlich auch im Keller: „Scheißladen!" Und da, in einem Büro, in dem das Licht bestimmt nicht ausgemacht wird, da sitzt einer und freut sich. Jetzt endlich hat der Mobber, der aktiv unengagierte Kollege, auch seinen Spaß bei der Arbeit gehabt. Mit allen vorhersehbaren Folgen für das Arbeitsklima.

Selbst wenn Sie solche Vorgänge in Ihrem Unternehmen – was ein schwerer Fehler wäre – als nicht so dramatisch empfinden, gibt es darüber hinaus weitere handfeste Fakten, die jeden noch so harten Kaufmann überzeugen müssen: Das Verhältnis von Fehltagen bei aktiv unengagierten Mitarbeitern zu denen der übrigen Gruppen liegt bei sieben zu vier. Weiter liegt die Wahrscheinlichkeit, dass aktiv unengagierte Mitarbeiter ihr Unternehmen binnen eines Jahres verlassen, sehr viel höher als bei engagierten Kollegen. Höhere Mitarbeiterfluktuation ist die Folge. Die Ausbildung neuer Mitarbeiter verursacht immense Kosten.

Jeder Mitarbeiter ist auch Botschafter Ihres Unternehmens oder Ihres Teams. Und jetzt stellen Sie sich mal einen dieser Typen als Verkäufer vor. Der soll mal keinen Fisch verkaufen, sondern eine Dienstleistung oder ein hervorragendes Produkt deutscher Ingenieurskunst. Nur 20 Prozent der aktiv unengagierten Mitarbeiter sind gewillt, die Produkte oder Leistungen ihres Unternehmens weiterzuempfehlen, verglichen mit 71 Prozent der engagierten Mitarbeiter. Wie kann das sein? Jemand arbeitet für ein Unternehmen und empfiehlt das Produkt der eigenen Arbeit nicht weiter? Und sagt damit eigentlich: Meine eigene Arbeit taugt nichts. Viel eher sollte man erwarten, dass jemand stolz auf das Resultat der eigenen Arbeit ist. Eine weitere Studie mit etwas anderen Zahlen, aber dem gleichen Trend und mit ähnlichen Ergebnissen, sehen wir später im Kapitel „LoyaliTät dir gut".

Und wieder liegt der Hauptgrund für das fehlende Engagement dieser Mitarbeiter in schlechtem Management. Arbeitnehmer gaben in der Gallup-Befragung unter anderem an, dass sie nicht wissen, was von ihnen erwartet wird, dass ihre Vorgesetzten sich nicht für sie als Menschen interessieren, dass sie eine Position ausfüllen, die ihnen nicht liegt, und dass ihre Meinungen und Ansichten kaum Gewicht haben.

In einer anderen Betrachtung haben Gallup-Statistiker übrigens herausgefunden, dass eine 3,5-prozentige Anhebung der Produktivität pro Mitarbeiter die gleiche Wirkung hätte wie die völlige Reduzierung der aktiv unengagierten Gruppe. Diese 3,5-prozentige Anhebung gegenüber der tatsächlichen Produktivität von 49.504 Euro pro Mitarbeiter ergibt 1.729 Euro pro Mitarbeiter und 72,1 Mrd. Euro insgesamt. [2] Geht gar nicht! Denn wir Führungskräfte nutzen doch immer die aktuellsten Managementstrategien, oder?

Zusammenfassung

Die Gallup GmbH hat in ihrer Studie drei große Gruppen von Mitarbeitern nach ihrer Motivationslage unterschieden. An vorderster Front für das Unternehmen kämpfen die hochengagierten Mitarbeiter. Ihr prozentualer Anteil ist gegenüber der großen Masse jedoch gering, da diese trotz ihrer eher geringen Bindung an das Unternehmen den stärksten Anteil in der Unternehmensstruktur ausmacht. Am Ende stehen als Problemfälle für jede Führungskraft die aktiv unengagierten Mitarbeiter, die innerlich bereits gekündigt haben und keine Bindung an das Unternehmen besitzen. Die Gruppe der aktiv unengagierten Angestellten wächst kontinuierlich und das beschert den Unternehmen Jahr für Jahr Millionenverluste. Wichtig: Jeder Mensch ist grundsätzlich leistungsbereit.

2) Nach: http://www.consens-consult.de/Engagement-am-Arbeitsplatz-in-Deutschland-auf-unveraendert-niedrig_1_1_53_154_65_42.html.

6

Über die Wirksamkeit von Managementstrategien

Weiter oben habe ich geschrieben – und Sie haben es hoffentlich gelesen –, dass Sie für Führungsanforderungen vermutlich keine oder aber die falsche Ausbildung haben. Ich hoffe, Sie erinnern sich noch daran. Außerdem habe ich erst im letzten Kapitel geschrieben, dass Führungskräfte sich oft schwertun, die faulen Äpfel im Korb zu erkennen. Haben Sie sich geärgert? Ihnen passiert das nicht? Sie waren doch schließlich auf einem dieser teuren Seminare in Bad Harzburg, St. Gallen oder Boston oder wo das war. Jedenfalls hat es die Firma eine richtige Stange Geld gekostet. Und damals an der Uni haben Sie doch auch in diesem einen Seminar etwas über „Management-by"-Strategien gehört (während Sie eigentlich überlegt haben, auf welche Party Sie am Abend gehen sollen). Haben Sie's noch parat?

Was gabs da noch gleich? Klar: „Management by Results",
davor „Management by Objectives" und noch so ein paar.
Fisch–, äh … frischen wir das auf. Vorab: Die endgültige
Strategie scheint noch nicht gefunden zu sein. Eine Zeit
lang war „Management by Results", eine Führungsstrategie,
die dem Mitarbeiter klare Leistungsergebnisse vorgibt, so
richtig „in." Das geht so: Im Rahmen von Mitarbeitergesprä-
chen werden von oben nach unten zwischen Führungskräften und Mitarbeitern konkrete zu erzielende Ergebnisse
vereinbart. Die Ergebnisse sollen schriftlich definiert werden, messbar beziehungsweise überprüfbar sein, möglichst
attraktiv beziehungsweise akzeptabel für die Mitarbeiter
sein, realistisch und mit konkreten Terminen versehen. In
der Regel findet mindestens einmal im Jahr ein Soll-Ist-
Vergleich statt. Wichtig ist, dass über Management by Results nicht nur gesprochen wird, sondern dass positive und
negative Abweichungen auch entsprechende Konsequenzen für die Mitarbeiter nach sich ziehen können. Durch
Vorgabe der Leistungsnorm und durch die allgegenwärtige
Überprüfung wird versucht, leistungsfördernd zu wirken.
In diesem Sinne ist das Management by Results den autoritären Führungsmethoden zuzuordnen. Das ist eigentlich alles, was Sie darüber wissen müssen.

Da gibt es eine unendliche Liste guter Literatur, wenn
es Sie wirklich interessiert. Als Vorteil dieses noch immer beliebten „Management-by"-Systems gilt unter anderem, dass die Mitarbeiter ständig kontrolliert werden können. Denn dass sie kontrolliert werden müssen, ist eine
Grundannahme dieses Systems. Dementsprechend sind

die Nachteile: Die Mitarbeiter haben kaum Mitspracherecht und es besteht die stetige Gefahr der Demotivierung durch unrealistische Ziele, ständige Kontrollen und geringe Entfaltungsmöglichkeiten. Für eine Drückerkolonne erscheint dieses Bild von den eigenen Mitarbeitern und diese Strategie vielleicht angemessen. Für komplexere Prozesse ... nun ja. Jedenfalls hat man gemerkt, das funktioniert nicht so richtig. Haben wir ja auch schon hier gelesen: Ein guter Vorgesetzter vermittelt seinen Mitarbeitern Lust an Leistung. Er erzeugt Identifikation – also emotionale Bindung – und führt zum gemeinsamen Handeln. War aber wohl nicht so dolle bei dieser Theorie.

Dann, neue Theorie, neues Glück, machen wir eben was anderes: Management by Delegation beispielsweise. Ziel dieses Konzepts ist es, den Mitarbeiter zum Entscheidungsträger zu machen. Aber natürlich nur – sicher ist sicher – innerhalb des definierten Aufgabenbereichs. Auf der Ebene des Vorgesetzten führt das Management by Delegation somit zu einer Reduzierung der Arbeitsbelastung, während sich die Motivation und Zielorientierung auf Ebene des Mitarbeiters in Grenzen hält.

Bevor ich jetzt alle „bys" aufzähle und uns alle zu Tode langweile, nehme ich lieber die Ergebnisse vorweg: Bei zehn Prozent der Mitarbeiter steigt die Motivation nach dem Wechsel zu Management by Delegation dramatisch an. Bei 80 Prozent passiert nichts. Bei zehn Prozent geht sie den Bach runter. Und die Zahlen gelten ähnlich für nahezu alle „bys". Nach nur ganz kurzem Überlegen kommen Sie drauf, warum das so ist. Sagen wir, Sie haben zehn Mitarbeiter in

Ihrem Team. Und die sollen schneller laufen. Und deshalb bestellen Sie diese neuen, tollen Laufschuhe. Das neueste Modell der Firma Management-by. Sie bestellen zehn Paar. Und wundern sich hinterher, warum nicht alle schneller laufen, warum einige sogar überhaupt nicht mehr laufen wollen. Sie hätten vielleicht nicht zehn Paar Schuhe in der gleichen Größe bestellen sollen. Was das Bild klarmachen soll: Es gibt keine Management-by-Strategie, die für alle Mitarbeiter gleich gut funktioniert.

Ändert sich also nichts im Unternehmen, wenn der Chef wieder auf so einem teuren Seminar war? Doch. Denn die Mitarbeiter merken natürlich, was Sache ist. Da war er wieder in der Schweiz und hat neue Sachen gelernt. Mit Videostudium. Und im Rahmenprogramm Golf und zum Nachtisch Erdbeeren mit Schlagsahne. Und je öfter die Strategien gewechselt werden, umso weniger Lust haben die Leute natürlich mitzumachen. Die machen sich lieber lustig und ihre eigenen Strategien: „Management by Champignon" ist so eine: Die Mitarbeiter im Dunkeln lassen, mit Mist bestreuen und wenn sich irgendwo ein heller Kopf zeigt, sofort absäbeln. „Management by Jeans": An den wichtigen Stellen sitzen Nieten. „Management by Darwin": Mitarbeiter gegeneinander aufstacheln, den Sieger befördern, Verlierer abschieben. Wirklich beliebt auch: „Management by Helicopter": Über allen schweben. Ab und zu auf den Boden zurückkommen, eine Menge Staub aufwirbeln und wieder ab nach oben. „Management by Friedhofsgärtner": Eine Menge Menschen unter sich, aber zu keinem richtig Kontakt. Und so weiter und so fort. Die aktuelle Studie der

Deutschen Universität für Weiterbildung in Berlin hat ein ganz wichtiges Merkmal für Führungskräfte herausgearbeitet: Bleiben Sie authentisch. Je authentischer Sie bei der Wahl Ihres Führungsstils bleiben, desto höher ist die Zufriedenheit und Motivation der Belegschaft.

Ja kann man's den Leuten denn überhaupt nie recht machen? Tatsächlich fängt der Fisch am Kopf an zu stinken. Um es ganz deutlich zu sagen: bei der Führungskraft. Bei Ihnen! Ich lege gratis ein paar Argumente drauf, die Sie benutzen können, um zu erklären, warum die Sachen in Ihrer Abteilung nicht so laufen, wie sie sollen:

- Es gibt einfach keine guten Leute mehr.
- Die, die man hat, haben einfach nicht die
  richtige Motivation.
- Der Markt ist schlecht.
- Und die Führungstechnik auch.

Das ist alles Quatsch. Reden Sie sich nicht kaputt. Motivation ist, Sie ahnen es, das Zauberwort. Und Motivation hat vor allem etwas mit einem selbst zu tun. (Übrigens auch bei Ihrem Mitarbeiter.) Sind Sie selbst so weit in Ordnung, können Sie so viel Kraft und Emotionen aufbauen, dass Sie Ihren Arbeitsalltag nicht nur überstehen, sondern ihn auch mit Freude – erfolgreich – zu Ende führen können.

Zurück zu unserem Fischverkäufer im November. Ein nasskalter, grauer Morgen. Eis geschaufelt, steife Finger: Scheißjob. Reichtümer gibt es wahrlich auch nicht zu verdienen. Aber: Wenn der erste Kunde vor dem Wagen steht, läuft die Routine. Aale-Dieter und seine Jungs funktionieren. Und wie!

Das wichtigste Werkzeug eines Menschen ist sein Gehirn. Dabei haben nicht immer alle unsere Handlungen mit Verstand und Intellekt zu tun. Ganz stark wirken selbst bei der Top-BWLerin im grauen Kostüm und dem jungen Herrn, der in seinem Leben nie etwas Riskanteres getan hat, als ohne Schlips ins Jura-Seminar zu gehen, die Triebe. Ein hervorragendes Beispiel für diese evolutionären Kräfte, die da neben allem Intellekt auch noch in uns wirken, sind die Toiletten-Zielzellen: Da war diese Firma. Mit 6.000 Angestellten in einem Riesenwerk. Natürlich hat man dort mit Leistungskennzahlen gearbeitet, anhand derer der Fortschritt oder der Erfüllungsgrad hinsichtlich wichtiger Zielsetzungen gemessen wird. In so einem professionellen Umfeld sind auch die Kosten für Reinigungsmittel Inhalt von Zielsetzungen. Und ein Controller hat eines Tages festgestellt, dass der Verbrauch von Reinigungsmitteln für die Herrentoilette und die damit verbundenen Kosten hoch, zu hoch, sind. Was kann man da tun? Eine Senkung der Reinigungsmittelkosten um 20 Prozent würde bei der großen Anzahl an Toiletten mehrere Tausend Euro ausmachen. Es wurde im Wortsinne eine Zielvorgabe mit den Mitarbeitern abgeschlossen. Bloß: Die haben nichts davon gemerkt. Der entscheidende Hinweis zur Lösung des Zu-hohe-Kosten-für-WC-Reinigungsmittel-Problems kam von einem Triebforscher, der gesagt hat: Männer lieben den Wettbewerb! Und dann hat eine kleine aufgeklebte Fliege gereicht. Die

Männer gehen hin und sehen die Fliege und das Ding muss natürlich getroffen werden. Das Ergebnis war eine Reinigungsmitteleinsparung um 42 Prozent. (Hörensagen…) Und weil es einer guten Idee egal ist, wer sie hatte, hat ein Kino in Hamburg während der Europameisterschaft ein Tor mit einem Ball am Faden in die Toiletten gebaut. Ab sofort haben die Kerle auch hier das Pinkelbecken getroffen. Kleine Anekdote am Rande: Diese Wettbewerbsidee kann wirklich weit führen, wie sich in einem Wellness-Hotel, in dem eine ganze Außendienstgruppe unterwegs war, gezeigt hat. Wer zuerst die Sauna verlässt, so lautete die Abmachung der Weizenbier konsumierenden Truppe, sollte an diesem Abend den Fahrdienst für die Gruppe übernehmen. Das Ergebnis, das viel mit Trieben und wenig mit Intellekt zu tun hatte: vier ohnmächtige Männer. Diese Männer liebten den Wettbewerb. Diese Männer hat der Wettkampfgedanke so sehr motiviert, dass sie bis zum Umfallen darum gekämpft haben, nicht als Erster aus der Sauna zu müssen.

Zusammenfassung

Das Management und jede einzelne Führungskraft bemühen sich, Führungs- und Motivationsstrategien umzusetzen. Obwohl wir uns dabei häufig auf wissenschaftlich fundierte Methoden beziehen, erreichen wir niemals alle Mitarbeiter. Häufige Wechsel zwischen den erklärten Führungsstrategien verunsichern die Mitarbeiter zusätzlich und wirken in Bezug auf die Motivation häufig kontraproduktiv. Dennoch gibt es Wege, die Mitarbeiter gezielt zu motivieren.

7

Die fünf Motivationstypen

Benutzen wir also unser Gehirn. Haben wir – frei nach dem großen Philosophen Immanuel Kant – den Mut, uns unseres eigenen Verstandes zu bedienen. Wir sollten für unsere spezielle Thematik zunächst versuchen zu verstehen, wie Menschen überhaupt Entscheidungen treffen, was bereits eine sehr ambitionierte Aufgabe ist, aber unsere tägliche Arbeit durchaus leichter machen kann. Denn wenn wir wissen, was einen Menschen dazu motiviert, eine bestimmte Entscheidung zu treffen, können wir ihm diese Motivation vielleicht bieten und seine Entscheidung vorhersehen oder beeinflussen. Klingt fies. Ist aber genau das, was wir erreichen wollen. Werner Correll schreibt dazu: „Die Führungskraft (muss) an das im Mitarbeiter jeweils vorherrschende Motiv anknüpfen, um seine Maßnahmen nicht gegen, sondern mit dem Interesse des Mitarbeiters durchzusetzen."[1]

Grundsätzlich können wir davon ausgehen, dass Menschen ihre Entscheidungen nach gewissen Motiven treffen, die in ihrer Persönlichkeit fest angelegt sind. Je nach Sichtweise „leider" oder „Gott sei Dank" sind die Menschen aber unterschiedlich. Sie wissen das aus Ihren täglichen Erfahrungen mit Ihren Mitmenschen, mit Ihren Kunden oder Ihren Mitarbeitern. Jeder von ihnen hat seine ganz eigenen individuellen Vorstellungen und Wünsche. Dahinter liegen aber häufig andere, echte Wünsche und Bedürfnisse, über die die Zielperson, der Kunde oder Mitarbeiter, nur ungern spricht oder die ihm selbst gar nicht bewusst sind.

Wenn wir versuchen, die Menschen in Schubladen zu stecken oder, vornehmer ausgedrückt, sie zu typisieren, dann ist das ganz klar immer ein hypothetisches Konstrukt. Ein Kompromiss mit der Wirklichkeit. Wir machen das hier aber trotzdem mal. Denn intuitiv machen das die guten Fischverkäufer auch. Die schauen sich ihre Kunden genau an. Und mit der Erfahrung, die sie haben, hauen sie die Leute an: „So, nu kommt mal ran hier. Kauft jetzt mal Fisch!" Der Kerl da drüben. Der mit der ein bisschen zu schicken Kleidung. Der kriegt seinen Spruch: „Du hast es doch dicke. Rück mal die Kohle raus und bring deiner Lady mal was richtig Großes aus Hamburch mit." Man kann diese Motivationsdiagnostik lernen. Und viele Top-Verkäufer haben

---

1) Werner Correll: *Motivation und Überzeugung in Führung und Verkauf,* Heidelberg 2006.

das drauf – mit Erfolg. Und das bedeutet, dass es für uns als Arbeitsgrundlage völlig ausreichend ist, die in einer bestimmten tatsächlichen Situation wirksamen Motive eines Menschen auf dessen bestimmte Grundmotivationen beziehungsweise Grundbedürfnisse herunterzubrechen. Sie erinnern sich an die Idioten, die lieber ohnmächtig in der Sauna umfallen, als zugeben zu müssen, dass ein anderer der Gruppe die Hitze doch noch ein bisschen besser wegsteckt? Dieses Beispiel zeigt uns, wie wirkmächtig uns unsere Grundbedürfnisse vor sich hertreiben. Zur Befriedigung eines psychischen Bedürfnisses sind wir bereit, unsere physische Existenz aufs Spiel zu setzen. Dabei gibt es, auch abgesehen von den ganz großen Fischen wie den primären körperlichen Bedürfnissen nach Selbsterhaltung und Arterhaltung, einen ganzen Schwarm von Grundbedürfnissen, die mächtiger werden können als die körperlichen Bedürfnisse.

Mit dem Wissen um diese Grundbedürfnisse können wir zwar noch immer keine exakte, aber doch eine ungefähre „Verknüpfung der Maßnahmen mit den Erwartungen" erreichen. Im Klartext: Die Verkaufs- und Führungsstrategien wären dann Funktionen der jeweiligen Motivationen, sie würden sich als Konsequenz aus der Motivationsdiagnose im einzelnen Fall einsetzen lassen. Motivationsdiagnose bedeutet, dass wir versuchen herauszubekommen, auf welcher Grundlage unsere Gegenüber ihre Entscheidungen treffen. Und da es im täglichen Verkaufsgespräch oder im Mitarbeiter-Meeting zu leichten Irritationen führen könnte, wenn wir zunächst „einige einfache psychologische Tests" mit unseren Gegenübern durchführen wollten, nutzen wir im Idealfall Merkmale, die wir nicht erst freilegen müssen, sondern Merkmale, die uns im täglichen Kontakt offen serviert werden und in denen sich dennoch die verborgenen Grundbedürfnisse widerspiegeln. Nämlich: Welches Auto fahren sie? Welche Kleidung passt zu diesen Leuten und wohin werden oder würden sie in den Urlaub fahren? Das wird jetzt plakativ. Aber irgendwie müssen wir ja anfangen. Diese Typologie habe ich in mehreren Seminaren im Management Institut Ruhleder von Prof. Werner Correll gelernt. Zwei unglaubliche Typen.

Der Porsche-Typ

Ja, die Jungs und Mädchen in Zuffenhausen bauen wunderschöne Autos. Da kann man sich auch als erwachsener Mensch mal nach umdrehen. Und das mag der Porsche-Typ. Das ist etwas, was er wirklich gut haben kann. Wenn man sich nach ihm umdreht. Und danach sind Auto, Urlaub und Kleidung ausgelegt: Schaut mal, was ich habe. Und du nicht! Der Porsche-Typ trifft seine Entscheidung nach der Grundmotivation „Streben nach sozialer Anerkennung". Das ist ein Mensch, der möchte groß rauskommen. 14 Prozent der Deutschen sind von der Entscheidungsstruktur her eher Porsche-Typen. Tendenz leicht fallend. Der Porsche-Typ ist, was kaum überrascht, ein eher extrovertierter Typ. Die Kleidung: Boss! Ist auch nicht so wichtig, wenn das Boss-Jackett aus dem Outlet ist oder – garantiert echt – auf einem dieser Märkte an der tschechischen Grenze gekauft wurde. Urlaub: Seychellen. Kostet ja nichts. Oder St. Moritz. Mit lauter feierwilligen Russen. Egal, Hauptsache, die Weiber sind geil. Merken Sie, dass ich ein bisschen gewöhnlich werde? Das ist unfair, denn zwar gilt ein PS-starkes Auto, vor allem mit Knüppelschaltung, in manchen monistischen Auffassungen der Motivation, für die Sigmund Freuds Psychoanalyse typisch ist, tatsächlich als unbewusstes Verlangen nach stärkerer und größerer Potenz, aber es gibt natürlich auch andere Ausrichtungen und Denkschulen, die die Freud'sche Ausrichtung als einen Hauch einseitig erscheinen lassen.

Machen Sie sich also für den Moment keine Sorgen, falls Sie auch von einem neuen, größeren Modell träumen oder es gerade bestellt haben. Für die Motivationsdiagnose ist es zudem extrem wichtig, hinter dem plakativen Beispiel, das vor unserem inneren Auge entweder einen gegelten, jungschen Angeber oder einen Zuhälter-Typ mit getönter Brille und aufgekrempelten Jackett-Ärmeln entstehen lässt, die Systematik dieser Grundmotivation zu erkennen. Dieser Mensch strebt nach sozialer Anerkennung. Was sich in Prestigemarken und Statussymbolen, die für die jeweils erreichte Rangstufe stehen, ausdrückt. Das heißt, das Auto, das dieser Mensch fährt, muss natürlich nicht zwangsläufig ein Porsche sein. Das kann in seiner sozialen Gruppe, in seinem speziellen Umfeld, auch der bis zur Unkenntlichkeit heiß gemachte A3 sein. Und umgekehrt gibt es natürlich auch soziale Milieus, in denen man mit einem Porsche Boxster nicht mehr wirklich reüssieren kann. Gemeinsam haben die

Menschen dieser Gruppe, dass sie bereit sind, große Opfer auf sich zu nehmen, um sich eine bestimmte soziale Stellung zu erarbeiten. Besonders im Verkauf kommt es darauf an, das Prestigestreben eines Kunden frühzeitig zu erkennen und das Angebot entsprechend aufzubereiten, nämlich als Stufe zu höherer sozialer Anerkennung, höherem Prestige.

Wenn wir unsere Führungs- oder Verkaufsstrategien zielgerichtet und erfolgreich auf den Porsche-Typ ausrichten wollen, ist es wichtig zu erkennen, ob sich in dem extrovertierten Äußeren tatsächlich das Grundbedürfnis nach sozialer Anerkennung ausdrückt oder sich eben doch nur schlechter Geschmack und ein schlecht therapiertes ADHS manifestieren. Achten Sie beispielsweise auf exklusive Kleinigkeiten, egal ob gefälscht oder echt. Die Ausübung und die Erwähnung von ausgefallenen Hobbys und Reisezielen spricht ebenso typischerweise für einen Porsche-Typ wie die häufige Verwendung der Ich-Form im Gespräch und eine ausladende Gestik. Im Verhalten gegenüber Vorgesetzten ist der Porsche-Typ leicht an seinem Standpunkt zu erkennen. Da hat er nämlich keinen beziehungsweise immer den des Vorgesetzten. Schuld an irgendwas ist er auch nie.

Der Golf-Typ

Der Golf-Typ ist in gewisser Hinsicht das Gegenteil des Porsche-Typs. Während Letzterer nach dem Motto „Wer mich nicht kennt, hat nicht gelebt" zu leben scheint, sagt sich der Golf-Typ: „Bloß nicht auffallen." Er ist ein sehr introvertierter Typ. Und so ist sein Auto. Dunkelblau oder

Silber. Das Streben nach Sicherheit und Geborgenheit ist sein erstes Grundbedürfnis. Das heißt nicht, dass der Golf-Typ nicht anerkannt werden will. Aber eben nicht nur um der gezeigten Leistung oder um des bewiesenen Prestiges willen, sondern um seiner Persönlichkeit willen. Sich immer wieder neu beweisen zu müssen ist nichts für ihn. Wenn er Kleidung kauft, muss die Marke nicht draufstehen. Qualität ist wichtig und er ist bereit, in diese Qualität zu investieren. Die Sachen müssen halten. Urlaub am liebsten zu Hause oder zum Wandern ins Allgäu, in diese Pension, wo er mit seiner Frau schon seit zehn Jahren hinfährt. Einmal hat er sich überreden lassen und war in Spanien. Aber man stelle sich vor, die konnten da gar kein Deutsch. Und da war kein Lidl. Also das war nichts für ihn. Überhaupt drückt sich das Streben nach Sicherheit und Geborgenheit auch in einem Streben nach Überschaubarkeit und Transparenz aus. Neues, Situationen, die er nicht überblicken kann, erscheinen bedrohlich. Nach einem Vormittag mit den erfahrenen Fisch-Verkäufern, die ihn womöglich noch vor allen Leuten aufgezogen haben, hätte dieser Typ wochenlang Alpträume. Wir haben in Deutschland viele Golf-Typen. Während der Golf-Typ auf den ersten Blick langweilig erscheint, verbergen sich hinter der in grau-beigem Kaufhaus-Chic gekleideten Fassade interessante Details. Denn die Befriedigung des Grundbedürfnisses nach Sicherheit und Geborgenheit ist ein Bedürfnis, dessen Befriedigung man zuallererst in der Familie und im außerberuflichen sozialen Umfeld vermutet hätte. Aber der Strukturwandel und die veränderten sozialen Beziehungen haben auch bei diesem Typ, den es in allen Altersklassen gibt, voll zugeschlagen. Infolgedessen schlägt sich dieses Grundbedürfnis inzwischen in der Berufs- und Arbeitswelt nieder. Was genau betrachtet bedeutet, die Befriedigung dieser Motivation ist Teil eines käuflichen Angebots geworden. Im Kundengespräch ist der Golf-Typ mit Verweisen auf Kundendienst und bewährte Qualität relativ leicht zu packen. Als Mitarbeiter verlangt er Pflege und viel Information.

Der Kombi-Typ

Der dritte Typ ist der Kombi-Typ. Eher der Pragmatiker. Einer, der überall dabei ist und den man – wenn man weiß wie – nie umsonst fragt. Denn der Kombi-Typ will geliebt werden. Allerdings dürfen wir diese Liebe nicht – wie es der Porsche-Typ täte – mit Sexualität gleichsetzen. Kein Grund zum Kichern also, wenn in diesem Abschnitt von Liebe und unbefriedigten Bedürfnissen gesprochen wird. Das Grundbedürfnis des Kombi-Typs ist nämlich Vertrauen und der Bezug zu einer Persönlichkeit, die oft als vorbildlich genommen wird. Dieser Typ ist in einer bestimmten Hinsicht die Steigerung des Golf-Typs. Denn auch er sucht in seiner Arbeit oder im Konsum die Art Befriedigung, die er eigentlich im persönlichen Umfeld, in der Familie, finden sollte. Der bereits im vorherigen Abschnitt angesprochene Strukturwandel und die veränderten sozialen Beziehungen führen dazu, dass der Kombi-Typ in Bezug auf sein Liebesbedürfnis und sein Bedürfnis nach Vertrauen häufig unbefriedigt bleibt und sich zu einer quasi kommerziellen Befriedigung dieses Bedürfnisses gezwungen sieht. Im Klartext: Er ist bereit, für den Konsum oder den Genuss von Vertrauen zu bezahlen. In Äußerlichkeiten schlägt sich dieses Grundbedürfnis vor allem darin nieder, dass dieser Typ auf Äußerlichkeiten keinen Wert legt. Er fährt einen Kombi, der vor allem fahren können muss. Ob da jetzt Kratzer oder so dran sind, ist ihm egal. Und den Kombi liebt er erst richtig, wenn der zweite Austauschmotor 200.000 Kilometer runter hat. Er pflegt sein Auto selbst beim Schwager, der ist Meister und hat eine Hebebühne. Und der Kombi-Typ ist ein Selbermacher. Klar: Mache es selbst, dann weißt du, es ist gescheit gemacht.

Besser noch als ein Kombi ist ein Bus. Dann ist er für alles gewappnet. Da passt die Waschmaschine vom Kollegen rein und damit kann man die Kinder zum Feuerwehrtraining fahren. Nach dem Training wird der Grill angeschmissen. Dazu gibt's Bier. Aus der Flasche. Von der Kleidung könnte man fast meinen, es mit einem Golf-Fahrer zu tun zu haben. Aber er legt – solange er in seinem Umfeld nicht wirklich auffällt – keinen Wert auf Kleidung. Praktisch muss sie halt sein. Wenn Sie den Kombi-Typ im Team haben, haben sie einen, mit dem eigentlich alles irgendwie geht. Er ist angenehm im Umgang. Loyal und zuverlässig. Ziehen Sie ihn ins Vertrauen, laden Sie ihn privat ein und Sie haben jemanden, der sich für Sie zerreißen lässt, Ihnen aber vorher am Wochenende noch schnell Fliesen auf die Terrasse legt. Menschlich enttäuschen sollten Sie ihn aber nicht. Er legt absoluten Wert auf ein funktionierendes und verlässliches Beziehungsnetzwerk. Weshalb Sie ihn im Urlaub am ehesten auf dem Campingplatz mit seiner Clique finden. Ruckzuck ist da gemeinsam der Wagen hergerichtet. Und danach wird der Grill angeschmissen und unser dritter Typ fühlt sich richtig wohl.

Der Mercedes-Typ

Der Mercedes-Typ hat so seine speziellen Seiten. Wir widmen diesen Seiten bewusst etwas mehr Raum. Denn der Mercedes-Typ hat vor allem Prinzipien. Prinzipien sind eine tolle Sache und wir bewundern sie bei vielen großen Persönlichkeiten. Bei Gandhi zum Beispiel. Oder bei Nelson Mandela. Oder bei den japanischen Samurai, die sich lieber selbst umbrachten, als entehrt weiterzuleben.

Was aus der Ferne vielleicht (oder zumindest teilweise) bewundernswert erscheint, hat im täglichen Umgang, zumal in der Beziehung Mitarbeiter/Führungskraft, so seine Tücken. Das alles andere überstrahlende Grundbedürfnis des Mercedes-Typs ist das Bedürfnis nach Selbstachtung. Sehr häufig finden wir in dieser Gruppe sehr intelligente und hochsensible Individuen. Er strebt danach, sein Leben so auszurichten, dass es in nahezu hundertprozentiger Übereinstimmung mit seinen eigenen Werten und Normen steht. Wenn er beim Licht-Ausmachen im Büro nebenan einen Herzinfarkt erleidet, will er, dass es in dem Film, der vor seinem inneren Auge abläuft, keine Stelle gibt, die er eigentlich hätte anders leben wollen. Leider fällt der Film oft aus, dann hat sich wieder niemand gefunden, der seine Rolle spielen

wollte. Denn beim Mercedes-Typ hat alles seine Ordnung.
Und wehe wenn nicht! Er fährt einen Mercedes. Gehobene
Mittelklasse, untere Oberklasse. In Deutschland hergestellt.
Sein Auto sichert deutsche Arbeitsplätze. Okay, jetzt fährt er
zwar was anderes, aber das hat seine Gründe. Den Benz fuhr
er nämlich genau so lange, bis es in der Werkstatt mal Ärger
gab. Termin zur Inspektion war um 7:30 Uhr, dann wäre er
um 8:30 Uhr mit Werkstatt-Leihwagen auf der Arbeit gewesen. Mittags hätte der Benz wieder auf dem Parkplatz gestanden. Aber der Meister war nicht da. Die Auszubildende
am Empfang wusste von nichts. Nicht mit ihm. Seitdem
fährt er bereits seit fünf Jahren Honda. Oder was anderes. Es
ist eigentlich egal. Aber die Mercedes-Werkstatt hat er nie
wieder betreten. Mit ihm macht man so etwas nur einmal.

Seine größte Angst ist es, sein Gesicht zu verlieren. Sein
Motto: Bloß nix nachsagen lassen. Ordnung und Regeln
geben diesem Typ die Sicherheit. Diese Einstellung spiegelt
sich auch in der Kleidung wider. Akkurat bis zur Pedante-
rie. Wenn Sie sich oft gefragt haben, wer eigentlich Socken
und Unterhosen bügelt: Er ist die Antwort. Natürlich ist es
oft nicht ganz einfach, diesem Typ zu begegnen und ihn
gegebenenfalls steuern zu müssen. Wenn Sie einen Mercedes-Typ als Chef der Buchhaltung haben, dann gratuliere
ich aus vollem Herzen. Da stimmt alles. In allen übrigen
Bereichen kann es schon schwieriger aussehen. Er ist in der
Beziehung zu seiner Führungskraft keinesfalls ein gefügi-
ger Jasager und er legt auch keinen Wert auf persönliche
Beziehungen. Er bleibt distanziert und neigt zur Rechtha-
berei. Neuen Dingen gegenüber ist er gemäß seiner Natur

keinesfalls unvoreingenommen. Und das kann man sich auch denken: Er ist im Team auch aufgrund seiner Kompromisslosigkeit keinesfalls der beliebteste Kollege, sondern eher isoliert. Tatsächlich wird er in der psychologischen Fachliteratur auch durch seinen Hang zum Fanatismus charakterisiert. Und gemäß unserem Grundthema und damit Sie nicht vergessen, dass Sie es bei mir mit einem Fischverkäufer zu tun haben, packe ich Ihnen noch eine Info obendrauf: Am liebsten trägt er Uniform. Überhaupt liebt er den militärischen Lebensstil. Bei der Bundeswehr gibt es eine ZD 3/14, die Zentrale Dienstvorschrift 3/14, die regelt das Leben der Soldaten draußen in der Natur, und da steht wortwörtlich drin: „Mit der untergehenden Sonne hat der Soldat zunehmend mit Dunkelheit zu rechnen." Und da steht sinngemäß drin, wenn ein Soldat ins Wasser geht, muss er, wenn das Wasser ihm bis zur Brust geht, selbstständig anfangen mit Schwimmbewegungen. Das hat ein Mercedes-Typ geschrieben.

Bei diesem Typ möchte ich auf etwas hinweisen, was grundsätzlich für alle beschriebenen Typen und auch für den letzten noch folgenden Typ gilt: Sicherlich auch aufgrund der stark plastischen Darstellung und aufgrund der Reduzierung auf die für uns wesentlichen Charakteristika machen wir uns schnell ein stereotypisches Bild von den Menschen und sicherlich haben die allermeisten von Ihnen gerade beim Mercedes-Typ einen Mann vor Augen. Aber natürlich gelten alle hier aufgeführten Charakteristika auch für Frauen. Gerade beim Grundmotiv der Selbstachtung spielt in bestimmten Konsumartikel-Gruppen die Frau die zentrale

Rolle. Haben Sie sich auch schon mal gefragt, wer parfümierte Slipeinlagen trägt? Eine Frau vom Mercedes-Typ.

Konnten Sie bei den letzten Absätzen wenigstens schmunzeln? Ich hoffe es, denn es wird jetzt noch mal ernst: Grundsätzlich ist der Mercedes-Typ als Mitarbeiter genauso wie als Kunde wegen seiner speziellen Motivation eher – und da sind Sie sicher auch selbst schon drauf gekommen – ein schwieriger Typ. Weder unser Zusammenleben noch unsere moderne Arbeitswelt (diese schon gar nicht) zeichnen sich dadurch aus, dass sie durch starre Grundsätze geregelt sind. Unsere Arbeitswelt verlangt oftmals Flexibilität, das erfolgreiche zwischenmenschliche Zusammenleben ist von Kompromissen geprägt. Also genau von Dingen, die nicht die Stärke der Mercedes-Typen sind. Im Kundengespräch sollten Sie unbedingt genau wissen, wovon Sie reden. Und Sie müssen versuchen, Ihr Angebot an die Gewissensnormen des Kunden anzupassen. Machen Sie klar, dass genau Ihr Produkt dem Kunden dabei hilft, seine Lebensführung an seine eigenen Gewissensnormen anzupassen.

Die Führung ist diffizil: Der Mercedes-Typ ist eher bereit, sich zu ruinieren, als nachzugeben. Um diesen Typ als Mitarbeiter zu führen, reicht es nicht, etwas anzuordnen. Hier muss das Führungsziel so erklärt beziehungsweise formuliert sein, dass keine Widersprüche zu den Grundsätzen des Mitarbeiters entstehen. Entweder durch überzeugende Erklärungen oder notfalls durch eine Veränderung der Führungszusammenhänge. Im Klartext: Manchmal ist es besser, die

Position oder das Aufgabenfeld des Mitarbeiters zu verändern, als diesen Mitarbeiter verändern zu wollen.

Der SUV-Typ

Der SUV-Typ strebt nach Unabhängigkeit und Eigenverantwortung, das sind seine Grundmotivationen. Er möchte in geistiger und wirtschaftlicher Unabhängigkeit leben und arbeiten können.

Dieser Typ trifft seine Entscheidungen selbst. Er kann sich unterordnen, ist aber stets in der Lage, im Team seine Meinung klar wiederzugeben. Im Gespräch ist er zielsicher, vertritt seinen Standpunkt sachlich, aber konsequent und mit einem gewissen Führungsanspruch. Gegenüber dem Vorgesetzten ist er realistisch, sachlich und ideenreich. Als Kunde einfach. Wenn Sie diesen letzten Typ identifizieren wollen, achten Sie auf seine Kleidung: casual. Zudem individualistisch, aber nicht auffallend. Auch wenn es eine Kleiderordnung geben sollte: Dem SUV-Typ ist die eigene Note wichtig und er bringt sie auch ein. In der Freizeit finden Sie diesen Typus eher an der Kletterwand oder beim Freitauchen als im Taubenzüchterverein. Deshalb braucht er ja auch das Sports Utility Vehicle: um sein Mountainbike zu transportieren oder eben die Gleitschirmausrüstung. Tolle Typen alles in allem.

Ihre Chancen, diesem Typ zu begegnen, sind allerdings – ich sage es, wie es ist – schlecht. Es gibt ihn wirklich selten. Im deutschsprachigem Kulturkreis zumindest. Was sehr schade ist, denn der SUV-Typ ist so etwas wie der ideale Unternehmer. Deshalb adaptieren Unternehmer gerne Verhaltensweisen des SUV-Typs, ohne seine Grundmotivation verinnerlicht zu haben. Der Tauchkurs auf den Malediven macht noch keinen Individualisten, sondern zeichnet eher den Porsche-Typ aus. Wenn die beiden sich irgendwo im Urlaub treffen, dann lässt sich der Porsche-Typ mit seiner teuren Ausrüstung fotografieren, postet das auf Facebook, geht dreimal schnorcheln und dann Cocktails schlürfen. Der echte SUV-Typ nimmt seine teure Ausrüstung und geht mit dem einheimischen Guide los, mit dem ihn seit der gemeinsamen Zeit auf der Tauchbasis in Guam eine Freundschaft verbindet, um auf offener See Walhaie zu beobachten. Und der postet nichts. Der macht das für sich, weil er die Herausforderung sucht.

Das muss nicht bedeuten, dass wir es hier mit dem totalen Freak zu tun haben, der sich morgen auf sein Rad setzt und ganz allein durch Afrika fährt. Aber der SUV-Typ möchte in geistiger und wirtschaftlicher Unabhängigkeit leben und arbeiten können. Der Bereich der angestrebten Unabhängigkeit ist dabei individuell sehr verschieden und schlummert in jedem Menschen. Und das können wir nutzen. Im Verkaufsgespräch muss die Argumentation dahin gehen, dass das Produkt dabei hilft, die angestrebte Unabhängigkeit zu erreichen. Das klappt sogar bei Immobilien. Zwar passt ein Reihenhaus auf den ersten Blick wenig zu dem Bild, das Sie sich jetzt vom schlanken, braungebrannten SUV-Typ gemacht haben, aber doch verhilft ihm das Reihenhaus zur Unabhängigkeit von Mietpreisen, Maklern und Vermietern, später hoffentlich zur Unabhängigkeit von seiner Hausbank. Das wiederum gefällt unserem SUV-Typ. Auf der Führungsebene kommt dieser Typ dem Unternehmer am nächsten. Und so sollten Sie ihn auch behandeln. Er will Mitbestimmung. Also bekommt er Mitverantwortung. Und wird entsprechend bezahlt, auf Prämien- und Provisionsbasis. Denn dieser Typ ist durchaus bereit, im negativen Fall die Konsequenzen von Misserfolg mitzutragen. Von den Prämien kauft unser Mann – oder unsere Frau – Volvo, Saab, einen Geländewagen. Wenn Sie sich jetzt freuen, so jemanden im Team zu haben: Nochmals Vorsicht! Es gibt diesen Typus selten. Häufig dagegen gibt es Vertreter der anderen Typen, die bestimmte Merkmale des SUVlers adaptiert haben. Die teure Funktionsjacke und der Geländewagen machen noch keinen Unternehmertyp.

Wenn Sie diesen Typ treffen oder in Ihr Team holen wollen, dann müssen Sie sich wirklich beeilen. So wie es aussieht, kommt der Kollege bald auf die rote Liste: Denn die Motivationslage, die den SUVler ausmacht, ist in der deutschen Bevölkerung von ursprünglich 5 Prozent im Jahr 1978 über nur noch 3 Prozent im Jahr 1984 und 2 Prozent im Jahr 1996 auf nur noch 1,2 Prozent aktuell geschrumpft. Nicht gut für unseren Wirtschaftsstandort: Denn dieser Schrumpfungsprozess deutet darauf hin, dass wir nur noch eine kleine Minderheit von Menschen in unserem Wirtschaftsleben haben, die eigene Initiativen und außerdem Verantwortung für diese Initiativen entwickeln. Golf und Mercedes-Typen haben wir dagegen genug: Zusammen liegen die bei 74 Prozent.

Alles hat übrigens seine zwei Seiten: Typ 5 ist zwar ein Realist mit Eigeninitiative, aber er ist auch ein Mensch, der wenig emotional engagiert ist, und wer wenig Emotionales investiert, zum Beispiel in eine Beziehung, erhält auch wenig zurück. Der „Nachteil" dieser Lebensform liegt also weniger im beruflichen Sektor. Da wird er seinen Weg schon machen. Privat hat er aber meist weniger Glück. Er ist zwar ein erfolgreicher Mensch, aber nicht unbedingt auch ein Mensch mit glücklichen Beziehungen. Dazu wäre vielleicht ein kleines bisschen mehr emotionales Engagement nötig. Und der Verzicht aufs Fallschirmspringen. Der Familie zuliebe.

Alles gar nicht so gemeint ...

Jetzt fühle ich mich ein bisschen wie der Papa, der seinen Kindern gegenüber endlich zugeben muss, dass es den Weihnachtsmann gar nicht gibt. Ich hoffe, ich enttäusche Sie jetzt nicht zu sehr.

Wir haben fünf Typen herausgearbeitet, die es in dieser Reinform natürlich gar nicht oder höchst selten gibt. Tatsächlich können sich in einem Menschen in verschiedenen Phasen seines Lebens jeweils andere Grundmotivationen in den Vordergrund schieben. Sie sind pyramidenförmig alle im Individuum angelegt. Welches an der Spitze steht und das Verhalten des Menschen aktuell am stärksten bestimmt, ist tatsächlich von den verschiedenen Lebensumständen und Lebensphasen abhängig. Aber es bleibt dennoch dabei, was ich einleitend in diesem Kapitel beschrieben habe. Der gute Fischverkäufer teilt seine Kunden intuitiv in verschiedene Typen ein. Und es funktioniert. Das muss er machen. Damit er ordentlich verkauft. Wir machen das auch. Wir machen das, um ein Gefühl dafür zu bekommen, dass Menschen unterschiedlich sind. Dass sie deshalb auch unterschiedlich angesprochen werden müssen. Wenn Führungskräfte nur eine isolierte Führungskultur gelernt haben, nur eine isolierte Führungskultur anwenden, dann kommen sie eben bei der einen Gruppe gut an und bei der anderen nicht. Bei der zweiten Gruppe können sie mit ihrem Stil nichts bewegen. Und dabei will doch jeder nur das Beste. Der Manager hält sich an sein Regelwerk. Der Mitarbeiter gibt in seiner Persönlichkeitsstruktur sein Bestes. Idealerweise passen diese beiden Dinge zusammen. Passen sie nicht zusammen, kann diese Diskrepanz sehr schnell zu einer Demotivation der Mitarbeiter führen. Genau das macht das Thema Menschen und ihre Führung, beziehungsweise überhaupt mit Menschen umzugehen, so komplex.

Und an dieser Stelle kommen wieder die gelernten „Management-by"-Theorien ins Spiel. Der Trick bei diesen Theorien besteht darin, die passende für die Team-Mitglieder zu finden. Nehmen wir den Porsche-Typ. Management by Delegation: Hier ist dein Auftrag. Wenn du das gut löst, bring ich dich hier ganz groß raus. Dann kann hier was aus dir werden. Auf jeden Fall Firmenzeitung Seite 1 und Mitarbeiter des Monats. Bieten Sie das Gleiche mal dem Golf-Typ an. Dann haben Sie schon verloren. Der legt keinen Wert auf Ruhm. Aber der will wissen, worum es in dem Projekt geht. Wenn er die Informationen bekommt, dann legt er los. Also geben Sie ihm die entsprechenden Infos. Dem Kombi-Typ ist eher egal, worum es geht. Aber nehmen Sie ihn am Arm: Müller, wir beide schaffen das, oder? Klar Chef! Und natürlich schafft er es. Koste es, was es wolle. Er hat es doch versprochen. Einen Mercedes-Typ fassen Sie besser nicht einfach so am Arm. Aber den bestellen Sie ins Büro. Ganz große Show: „Sehr geehrter Herr Mitarbeiter, vor mir liegt eine Zielvereinbarung, wir sprechen über folgendes Projekt: XY. Vorgegeben von der Betriebsversammlung, besprochen vom Geschäftsführer, abgesegnet vom Betriebsrat, wird folgendes Projekt jetzt durchgeführt. Ihre Aufgabe dabei ist…" Zum Schluss: „Gelesen, verstanden, unterzeichnet und einverstanden." Am besten ist in diesem Dokument Platz für drei Unterschriften. Dann tut unser Mercedes-Fahrer genau das, was man von ihm will. Und der SUV-Fahrer? Der braucht Management-by-Results, der ist interessiert an Ergebnissen und an nichts anderem.

Die DUW-Studie zur Mitarbeitermotivation „Motivieren, Binden, Weiterbilden" kommt zu diesem Ergebnis: Wer motiviert arbeitet, hat mehr Erfolg im Beruf und ist häufig auch insgesamt zufriedener. Faktoren wie Arbeitsklima, Führungskultur und Weiterbildungsmöglichkeiten motivieren uns sogar stärker als Incentives und Firmenwagen.[2] Das ist so ausgelutscht, dass ich mich fast schäme, es aufzuschreiben. Ich tue es trotzdem, denn es stimmt: Geld allein macht nicht glücklich. Auch nicht Ihre Mitarbeiter. Schaffen Sie

---

2) http://www.duw-berlin.de/de/presse/duw-studien/studie-zur-mitarbeitermotivation.html.

deshalb sinnvolle Anreize zur Motivation. Selbst hohe Bonuszahlungen zur Motivationssteigerung funktionieren erwiesenermaßen nicht nachhaltig. Und schon gar nicht bei jedem Mitarbeiter. Ihre gesetzten Anreize müssen zu der intrinsischen Motivation des zu führenden Mitarbeiters passen. Sie müssen, um nachhaltig erfolgreich zu sein, unbedingt den Persönlichkeiten Ihrer Mitarbeiterinnen und Mitarbeiter entsprechen.

Aber Achtung! Grundmotivationen können sich ändern: Eine wichtige Motivation, die längere Zeit unberücksichtigt blieb, beeinflusst das Denken und Handeln umso stärker. Umgekehrt fällt ein Grundbedürfnis, sobald es erfüllt wurde, in der Dringlichkeit zugunsten eines anderen in der Pyramide zurück. Immer wieder wird es ein neues dringliches Motiv geben, das befriedigt werden möchte und den Einzelnen antreibt. Voll zur Befriedigung kommt der Mensch auf die Dauer nie, weil er immer dann ein neues Motiv stärker empfindet, wenn das alte befriedigt ist. Ruhen Sie sich nicht auf Ihrer Diagnose aus.

Zusammenfassung

Um jeden Mitarbeiter gezielt motivieren zu können, müssen wir zunächst die Dinge kennen, die ihn individuell antreiben. Diesen Vorgang nennen wir Motivationsdiagnostik. Wir teilen die Menschen dazu je nach ihren vorherrschenden Grundmotivationen in Kategorien ein. Diese Grundmotivationen hat jeder Mensch. Es gibt nach Prof.

Werner Correll fünf prägende Grundmotivationen. Diese sind das Streben nach:

- sozialer Anerkennung (Porsche-Typ)
- Sicherheit und Geborgenheit (Golf-Typ)
- Vertrauen (Kombi-Typ)
- Selbstachtung (Mercedes-Typ)
- Unabhängigkeit/Verantwortung (SUV-Typ)

Die Grundmotivationen drücken sich nicht nur im Verhalten, sondern tatsächlich auch in Äußerlichkeiten aus. Wenn wir die Grundmotivationen erkennen, können wir in der Führung und im Verkauf gezielt auf die Persönlichkeitstypen eingehen. Alle fünf Grundmotivationen wirken in allen Menschen. Sie sind je nach Lebensphase unterschiedlich priorisiert. Bei Befriedigung einer Grundmotivation rückt eine andere an die Spitze. Der Mensch ist also nie dauerhaft befriedigt und „ausmotiviert".

8

Die Tricks von Fischverkäufern

Schön, dass wir jetzt die Grundmotivationen kennen. Und wir wissen auch ungefähr, wie man den einzelnen Typ richtig anpackt. Lassen Sie uns jetzt etwas tiefer einsteigen. Schauen wir mal nach, wie so ein Fischverkäufer seinen Fisch verkauft. Ich weiß, dass die meisten von Ihnen da ganz scharf drauf sind: Was mache ich jetzt mit meinem Wissen, was stelle ich damit in der Praxis an? Krieg ich damit vielleicht auch Weiber rum? Oder scharfe Typen?

Während es später in diesem Buch darum geht, sich selbst zu überzeugen, seine eigenen Einstellungen bewusst zu ändern, geht es jetzt noch grundsätzlich darum, jemand anderen zu überzeugen. Das ist faszinierend, weil es auch so gefährlich nahe an der Manipulation ist. Ehrlich gesagt sind die Übergänge teilweise fließend. Es gibt aber einen wichtigen Unterschied zur Manipulation. Werner Correll formuliert ihn so: „Die Strategie der Durchsetzung einer Maßnahme bei einem Mitarbeiter ist, von hier her gesehen, gleichzeitig eine Strategie zu seiner Beglückung. Mag dies auch noch so ironisch klingen."[1] Ich erkläre Ihnen das: Vom psychologischen Standpunkt aus gesehen, den wir einnehmen, dient eine Motivationsstrategie immer auch dem Glück des Betreffenden. Weil er sich durch die Motivationsstrategie mit seinen Zielen identifiziert. Führung durch Motivation liegt immer dann vor, wenn sie dem Glück des Betreffenden dient und gleichzeitig der Durchsetzung einer sinnvollen und ethisch einwandfreien Maßnahme. Die Entscheidung darüber liegt letzten Endes beim einzelnen Anwender. Der Anwender oder die Anwenderin werden später Sie selbst sein. Sie entscheiden aufgrund Ihrer moralischen Überzeugungen über die Anwendung dieser Erkenntnisse. Manipulation – im ethisch bedenklichen Sinn – liegt aber nur dann vor, wenn „im Bewusstsein ethischer Skrupel etwas gegen die eigentlichen Interessen des anderen durchgesetzt wird, um den lediglich egoistischen Eigeninteressen zu nützen".[2] Sie werden also sehr genau merken, wann Motivation in Manipulation umschlägt. Dann nämlich, wenn Ihr Gewissen Sie ein bisschen sticht. Ich hoffe deshalb durchaus auf Ihre moralische und ethische Festigkeit.

1) Werner Correll: *Menschen durchschauen und richtig behandeln. Psychologie für Beruf und Familie*, Heidelberg 2007.
2) Werner Correll: *Menschen durchschauen und richtig behandeln. Psychologie für Beruf und Familie*, Heidelberg 2007.

Wir wissen jetzt also ungefähr, wie das Gegenüber tickt. Nun brauchen wir die richtige Strategie, um es dazu zu bringen, das zu tun, was wir wollen. Kann sein, wir wollen, dass es ein bestimmtes Projekt übernimmt. Kann sein, wir wollen, dass es ein bestimmtes Produkt, einen Fisch, einen Fernseher, eine Geldanlage kauft. In der Mitarbeiterführung ist das Ideal, dass der Mitarbeiter von sich aus das anstrebt, was er aus Sicht der Führungskraft anstreben soll. Dann hätten wir bei unserem Gegenüber eine primäre Motivation für eine bestimmte Aufgabe oder Maßnahme erreicht. Unser Ziel ist jetzt sein Ziel. Mit dem es sich voll und ganz identifiziert. Sie erinnern sich vielleicht an den Anfang dieses Buches: „Das hätte doch was: Motiviert an einen Scheißjob zu gehen. Beziehungsweise noch besser: So motiviert zu sein, dass wir den Job gar nicht als Scheißjob empfinden." Jetzt sind wir sogar ein bisschen weiter: Wenn wir die primäre Motivation für einen Job erreicht haben, dann empfinden wir den Job nicht nur nicht mehr als Scheißjob. Für uns ist er wirklich kein Scheißjob mehr. Das wäre toll.

Führungs- und Verkaufsstrategien nach den Prinzipien der Mitarbeitermotivation funktionieren nicht mit den traditionellen Management-by-Führungsstrategien. Weil sie eben nicht absolut gelten, sondern immer nur in diesem einen Moment. Abgestimmt auf die Erwartungen des Mitarbeiters oder des Kunden. Denn auch im Verkauf wollen wir ja, dass der Kunde von sich aus will, was wir ihm anbieten.

Überzeugen Sie den Porsche-Typ

Den Porsche-Typ überzeugen Sie vor allem dadurch, dass Sie seine Grundmotivation nach sozialer Anerkennung befriedigen. Für die Frage nach der Führungsstrategie bedeutet das, dass Sie delegieren müssen. Sie müssen so viel Zuständigkeit an den Kollegen abtreten, wie es das Projekt und die Fähigkeiten des Mitarbeiters erlauben. Sie machen das deshalb, weil Sie gleichzeitig mit den Kompetenzen auch Prestige an den Mitarbeiter abtreten. Jetzt darf er auch ein bisschen Chef sein. Und das mag er wirklich gerne. Gefährlich wird es, wenn Sie den Porsche-Typ unter- oder überfordern. Sie sollten also wissen – und das gilt ganz allgemein, bevor Sie ein Projekt oder eine Aufgabe übertragen –, was der Typ tatsächlich drauf hat. Die passende Verkaufsstrategie heißt, analog zur Führungsstrategie, dem Porsche-Typ zwar exklusive Prestige-Angebote zu machen, ihm aber letztlich die Entscheidung zwischen den Angeboten selbst zu überlassen. Der Porsche-Typ mag es keinesfalls, bevormundet zu werden. Er ist der Chef. Und er entscheidet. Aber natürlich im Rahmen dessen, was Sie ihm anbieten.

Überzeugen Sie den Golf-Typ

Der Golf-Typ möchte ja eher nicht groß rauskommen. Sein Grundbedürfnis ist das Streben nach Sicherheit und Geborgenheit. Und um sich das zu erfüllen, braucht er vor allem drei Dinge: Informationen, Informationen und Informationen. Management by Information sollte bei diesem

Mitarbeitertyp die Führungsstrategie der Wahl sein. Wenn er primär für eine Aufgabe motiviert werden soll – und das soll er ja –, dann informieren Sie ihn möglichst detailliert über die Aufgabe. Erklären Sie ihm Schritt für Schritt das Wieso und Warum und das Wie. Allerdings müssen Sie die erklärten Zusammenhänge auf den unmittelbaren Arbeitsbereich des Mitarbeiters beschränken. Alles andere würde ihn nur belasten. Das ist wie mit dem Fernsehen und den Zeitungen oder diesen immer ganz aufgeregten Tweets. Da kriegen Sie Informationen über Katastrophen aus den fernsten Winkeln der Welt direkt ins Wohnzimmer oder auf das Smartphone übertragen. Und das macht einen ganz nervös. Wenn es in Pakistan ein Erdbeben gibt, bebt die Erde in Ihrem Wohnzimmer quasi mit. Ohne Medien wüssten Sie von nichts. Und es würde Sie auch kein Stück belasten. Dem Golf-Typ würde das sehr gut gefallen. Es ist schließlich schon belastend genug, dass in seiner Straße die Müllabfuhr diese Woche am Mittwoch statt am Montag kommt.

Daraus folgt auch, dass Sie sich in Ihrem Unternehmen besser gut auskennen sollten. Was wird wie von welcher Abteilung erledigt? Diese Zusammenhänge sind für den Golf-Typ wichtig. Globales interessiert ihn eher wenig. Auch wenn Sie ihm etwas verkaufen wollen, sollten Sie besser alle Zahlen, Fakten und Details im Kopf haben. Wenn Sie einen Rasierapparat verkaufen, kann der Hinweis auf den Herstellungsort – am besten in Deutschland – nicht schaden. Wie funktioniert der Apparat? Sicher funktioniert er gut. Aber das ist nicht das, was der Golf-Typ hören will. Erklären Sie die Funktionsweise und weisen Sie außerdem auf den umfangreichen Kundendienst hin. Alles das, was den Porsche-Typ überhaupt nicht interessiert, können Sie bei ihm loswerden.

Überzeugen Sie den Kombi-Typ

Vertrauen ist der Schlüssel zum Kombi-Typ. Ihre Führung sollte deshalb keine direkte Führung sein. Gehen Sie diesen Mitarbeiter sehr kooperativ an. Geben Sie ihm das Gefühl, in die Entscheidung eingebunden zu sein. Management by Cooperation ist die geeignete Führungsstrategie. Holen Sie ihn in Ihr Boot. So, dass er sich den Auftrag, den Sie ihm gegeben hätten, quasi selbst gibt. Diesen Mitarbeiter fragen Sie: „Was können wir jetzt tun?" Wenn Sie ihm im Vorfeld eine detaillierte Erklärung der Zusammenhänge gegeben haben, wird er früher oder später auf die Antwort kommen, die Sie wollen. Falls er eher später draufkommt, nutzen Sie eine Art der Gesprächsführung, die eigentlich aus der psychologischen Therapie stammt: die indirekte Gesprächsführung. Das heißt, dass Sie keine direkten Fragen stellen. Aber Sie verstärken den Mitarbeiter an den entsprechenden Stellen durch „Hmm, hmm" oder „Meinen Sie?" Hört sich komisch an, funktioniert aber. Sie werden eine immer präzisere Problemerkennung und -formulierung erreichen. Der Kombi-Typ formuliert sich seinen Auftrag selbst. Ist das nicht toll? Im Verkaufsgespräch gilt genau das Gleiche: Verweisen Sie auf eigene Erfahrung. „Ich habe die besten Erfahrungen mit XY gemacht. Mir geht es so, dass ich viel Wert auf YZ lege" etc. etc. Bereiten

Sie Entscheidungen so vor, dass der Kombi-Typ sie selbst aussprechen kann und wird. Bügeln Sie Gegenargumente nicht ab. Lassen Sie ihn aussprechen. Den Kombi-Typ müssen Sie als Partner behandeln.

Überzeugen Sie den Mercedes-Typ

Um den Mercedes-Typ zu steuern, benötigen Sie viel, sehr viel Vorarbeit. Hier sollten Sie von vornherein versuchen, zu einer Zielübereinstimmung mit ihm zu gelangen. Die geeignete Führungsstrategie ist Management by Objectives. Dieser Mitarbeiter strebt nach Selbstachtung. Das ist sein großes Thema und wenn Sie versuchen, diesen Typ in eine Richtung zu führen, die seinen Prinzipien widerspricht, reibt er sich in einem ausweglosen Kampf mit sich selbst auf. Schlechte Leistung ist auf jeden Fall das Resultat. Die Ziele, die Sie verfolgen, müssen daher so erklärt und durchsichtig gemacht werden, dass der Mitarbeiter sie voll und ganz unterschreiben kann. Vielleicht kann er sich sogar damit identifizieren. Man spricht dann vom „subjektiven Verfahren". Um dem Mitarbeiter diese Identifikation zu ermöglichen, müssen Sie ihm die Argumente liefern, die es ihm ermöglichen einzusehen, warum unter den neuen Gesichtspunkten so verfahren werden muss, wie Sie sich das vorstellen. Und weil wir es hier mit einem ganz speziellen Fall zu tun haben, verrate ich Ihnen noch eine ganz spezielle – mit Vorsicht zu genießende – Lösung: Lügen Sie einfach mal. Dann verlassen Sie allerdings eindeutig die Motivation. Das wäre Manipulation. Und das ist auf die Dauer ziemlich anstrengend. Es gibt – wie in der Typologisierung schon angedeutet – noch einen zweiten und ethisch einwandfreien Weg, mit diesem Mitarbeiter zu einer Zielübereinstimmung zu kommen: das „objektive Verfahren". Dazu werden die objektiven Bedingungen der Arbeit geändert, bis es zu einer Zielübereinstimmung kommt. Wenn der Mitarbeiter beispielsweise eine Aversion gegen das Fischen hat, wenn er nicht mag, dass Fische geschlachtet und geräuchert werden, weil das seiner inneren Überzeugung entgegensteht, dann ist er an Ihrem Fischstand sicherlich fehl am Platz. Wenn Sie aber neben Ihrem Fischverkaufsstand auch noch einen Gemüsestand haben, ist die Chance gegeben, dass dieser Mitarbeiter der beste Gemüseverkäufer wird, den Sie je hatten. Versuchen Sie, ihn an eine Position zu setzen oder ihm ein Tätigkeitsfeld zu geben, das mit seinen Zielvorstellungen übereinstimmt. Tja ... und wenn Sie tatsächlich nur Fisch verkaufen? Dann ist es besser – da kommen Sie selbst drauf ...

Wie können Sie dem Mercedes-Typ etwas verkaufen? Schwierig, schwierig. Sie sollten aber für ein langes Gespräch viel Hintergrundwissen zum Produkt haben. Beispielsweise die Herstellungsart, das Herkunftsland, die Produktionsbedingungen etc. Man weiß ja nie, was diesen Typ so umtreibt – wer oder was gerade auf seiner inneren Boykottliste steht.

Überzeugen Sie den SUV-Typ

Es gibt so wenige davon, dass es sich eigentlich kaum lohnt, zu viele Gedanken in die spezielle Führung dieses Typs zu investieren. Aber geben Sie ihm, der Vollständigkeit halber, viel Gelegenheit, sich als Mitunternehmer einzubringen. Und meinen Sie es – anders als beim Porsche-Typ – auch ernst. Geben Sie ihm die Möglichkeit, möglichst viele eigenständige Entscheidungen zu treffen. Wichtig ist, dass er nicht nur für die Erfolge, sondern auch für die Misserfolge voll und ganz verantwortlich ist. Dieser Typ akzeptiert neben fetten Prämien im Erfolgsfall auch im umgekehrten Fall, dass aus dem Audi A5 als Dienstwagen ein Toyota Auris wird. Ganz so leicht ist das in der Praxis aber nicht. Deshalb gibt es für dieses Management by Results auch erst wenige gelungene Downgrade-Beispiele aus der Praxis. Was zum Teil an den juristischen Voraussetzungen und daran liegt, dass Erfolge und Misserfolge überhaupt erst klar definiert werden müssen. Diese Definition fällt natürlich im Verkauf und im Vertrieb wesentlich leichter als beispielsweise in der Verwaltung. Aber ehrlich gesagt, da finden Sie sowieso keinen echten SUV-Typ. Trotzdem, Umsatzbeteiligungen, Prämien etc. sind Dinge, mit denen Sie den SUVler locken können.

Als Kunde trifft er gerne seine eigene Entscheidung. Er muss sich dabei als Individualist fühlen. Er will die Entscheidung treffen. Und er muss und wird auch mit den Folgen leben. Sie sollten ihm da nicht zu sehr reinreden. Zeigen Sie ihm einfach, was Sie im Angebot haben.

Besonders im Verkauf – dabei ist es egal, ob Sie Pizza, Investitionsgüter oder politische Ideen verkaufen – stellt sich in der Praxis aber folgendes Problem: Sie haben es meist nicht nur mit einer Person, sondern besonders bei größeren Abschlüssen zumeist mit mindestens zwei Personen zu tun. Meist sogar gemischtgeschlechtlich. Deshalb ist es wichtig, dass Sie sich bei der Ansprache an die Gruppe an alle fünf Motivationstypen wenden. Da muss für jeden was dabei sein. Für fast jeden. Denn wenn Sie beispielsweise in einer Rede überzeugen wollen, dann sprechen Sie die Gruppe nicht in der Reihenfolge der beschriebenen Motivationstypen an, sondern Sie sprechen zunächst den dritten Typ, den Kombi-Typ an. Dann Porsche, dann Golf, dann Mercedes. Und dann wieder den Kombi-Typ. Der SUVler lohnt sich nicht. Der macht, was er will, und fällt mengenmäßig nicht ins Gewicht. Aber in einer Gruppe verhalten sich die meisten Menschen wie ein Kombi-Typ. Das Grundmotiv Vertrauen rückt dann in den Vordergrund. Deshalb sollte diese Motivationslage am Anfang verstärkt und am Ende noch einmal aufgenommen werden. Nun wissen Sie auch, warum auf dem Fischmarkt diese ganz besondere Art der vertraulichen Ansprache funktioniert.

Zusammenfassung

Führungs- und Verkaufsstrategien nach den Prinzipien der Mitarbeitermotivation funktionieren nicht mit den traditionellen „Management-by"-Führungsstrategien, weil diese nicht individuell angepasst sind. Sie können aber mit dem

Wissen um die individuellen Grundmotivationen Ihres Gegenübers dessen Verhalten über die passende Motivationsstruktur in einem gewissen Maße steuern und beeinflussen. Im Unterschied zur Manipulation dient eine Motivationsstrategie immer auch dem Glück des Betreffenden. Führung durch Motivation liegt immer dann vor, wenn sie dem Glück des Betreffenden dient und gleichzeitig der Durchsetzung einer sinnvollen und ethisch einwandfreien Maßnahme. Manipulation liegt dann vor, wenn im Bewusstsein ethischer Skrupel etwas gegen die eigentlichen Interessen des anderen durchgesetzt wird, um den lediglich egoistischen Eigeninteressen zu nützen.

9

Die nächsten Stress-Verursacher: Über- und Unterforderung

Heute ist in der Arbeitswelt die Gefahr der Unterforderung meist größer als die Gefahr der Überforderung. Der relativ gut ausgebildete Angestellte von heute – so circa 24 Jahre alt, gut abgeschlossenes Studium, zwei Auslandssemester, Praktika bei dpa und MBB, viersprachig, kennt man ja – wird meist in der Lage sein, einfache Aufgaben nach kurzer Einarbeitungszeit allein zu bewältigen. Unterforderung führt genau wie Überforderung zur Frustration des Mitarbeiters. Wo das hinführen kann, werden wir bald genau sehen. Vorab: Es führt zu nichts Gutem.

Die Steigerung von Unterforderung ist übrigens Langeweile. Dazu folgende Geschichte: Da gab es in Holland eine große Firma, die hatte ein gewaltiges Hochregallager. Das geht heute ja alles elektrisch. Da drücken Sie auf einen Knopf und dann fahren da so Schlitten hin und her und holen das gewünschte Teil aus dem Regal. Und irgendwann hat die Geschäftsleitung festgestellt, dass der Krankenstand in diesem Lager sehr hoch war. Extrem hoch. Und das waren ganz seltsame Krankheiten, die die Mitarbeiter dort hatten: Kniescheiben-Splitterung, Schienbein- und Armbrüche, Kiefer ausgerenkt. Solche Sachen sind teuer. Und die dauern lange. Und dann hat die Firmenleitung untersuchen lassen, woran das liegen könnte. Sie hat festgestellt, dass den Mitarbeitern in diesem Hochregallager, die eigentlich nur Labels abscannen und den ganzen Tag lang Kartons von links nach rechts packen, richtig langweilig war. Die hatten keine Herausforderung. Und dagegen haben die Mitarbeiter ihre eigene Strategie entwickelt. Die hieß Hochregalsurfen und ging so: Einer der Mitarbeiter klemmt sich an den Hochregalschlitten. Unten gibt ein anderer Lagerist einen unbekannten Strichcode ein, worauf der Schlitten losschießt. Mit dem Mitarbeiter dran. Acht Meter hoch, 12 Meter nach vorne und wieder zurück, wenn der am Schlitten Pech hat. Egal. Macht Spaß. Aber ab und zu ist da halt mal einer runtergefallen.

Vom Hochregal zu fallen ist nicht die einzige Gefahr der Langeweile. Ist die Herausforderung zu groß und die Fähigkeit des Mitarbeiters zu gering, wird der Mitarbeiter dauerhaft unmotiviert sein. Weil er seine Aufgabe nicht erfüllen kann. Er ist intellektuell oder handwerklich nicht in der Lage, seinen Job zu tun. Häufiger und schlimmer ist der umgekehrte Fall. Denn sind die Fähigkeiten höher als die Herausforderung, langweilt sich der Mitarbeiter früher oder später. Zwangsläufig. Er kann gar nicht anders. Die

Folge ist: Er geht in den Urlaub und macht Bungeejumping von der Europabrücke. Die Kunst ist es, den Mitarbeiter im Spannungsfeld zwischen Herausforderung und Fähigkeiten zu halten, immer zwischen den großen Feldern der Langweile auf der einen Seite (= Unterforderung) und Enttäuschung, Stress, Ängstlichkeit auf der anderen Seite

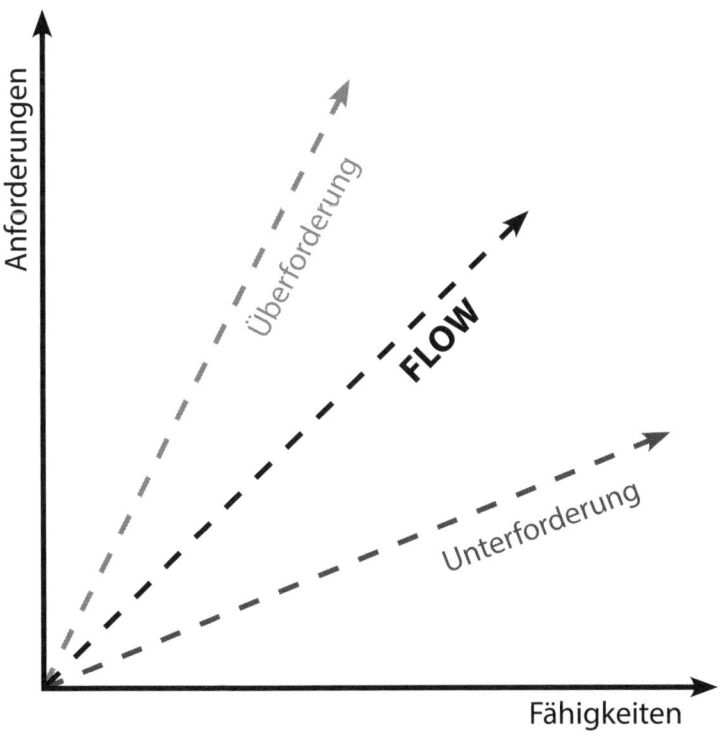

Quelle: Mihaly Csikszentmihalyi: *Flow – Das Geheimnis des Glücks*, Klett-Cotta Verlag, 15. Auflage, März 2010.

(= Überforderung). Wer Glück auf Dauer erleben will, muss sich immer wieder neuen Herausforderungen stellen und ständig die eigenen Fähigkeiten verbessern, um diese Herausforderungen dann auch bewältigen zu können. Motivation und die Fähigkeit, die eigene Einstellung zu verändern, sind dafür wichtige Grundvoraussetzungen – und Führungskräfte, die diesen Prozess verstanden haben und ihre Mitarbeiter dementsprechend einsetzen.

Zusammenfassung

Der höchst produktive sogenannte „Flow-Kanal" öffnet sich, wenn wir eine Herausforderung wählen, die unsere gegenwärtigen Grenzen leicht übersteigt und dann mit entsprechend hohem Einsatz unserer Fähigkeiten doch bewältigt werden kann. Das ist ein von innen heraus motivierter Wachstumsprozess. Und der fühlt sich wirklich gut an. Der macht glücklich. Im Job bedeutet der „Flow" einen Zustand, in dem Aufmerksamkeit, Motivation und die Umgebung in produktiver Harmonie zusammentreffen. Flow-Erfahrungen treten in der Verfolgung eines selbst gesteckten Zieles auf.

10

Ziele

Die Formel zum Glück

Dieser ganze Motivationskomplex scheint in der Praxis also ziemlich kompliziert zu sein. Allerdings: Auf dem Fischmarkt bekommen die Jungs das ja auch hin. Ist es also wirklich so kompliziert? Es gibt zumindest eine Formel, die vieles wieder einfacher macht. Sie ist für mich die tatsächliche Formel zum Glück. Da sich das allerdings sehr nach „Den eigenen Namen tanzen" und „yogische Flieger" anhört, definieren wir Glück einfach als kommunikativen Erfolg. Denn wer im Eigendialog erfolgreich ist, der ist auch glücklich. Kommunikativer Erfolg ist gleich die Funktion von Zielsetzung und Identifikation mit diesem einen Ziel. An diesem Punkt kommen wir wieder zurück zum Kopf vom Fisch. Ich habe geschrieben, dass Motivation vor allem etwas mit dem eigenen Kopf zu tun hat. Jetzt sind wir so weit, dass Sie nicht nur die anderen anschauen und ihre Grundmotivation diagnostizieren, sondern zudem – auch wenn es vielleicht unangenehm ist – auch sich selbst.

$$E(ko) = f(Z, I)$$

Sie kennen diese Art der Darstellung sicher noch aus dem Mathematikunterricht. Sie zeigt nichts anderes, als dass der kommunikative Erfolg E(ko) in Beziehung zu den Elementen „persönliche Ziele" (Z) und der eigenen „Identifikation mit diesen Zielen" (I) steht. Um es kurz zu machen: Wenn wir uns mit unseren Zielen vollständig identifizieren, also Z und I übereinstimmen, erleben wir kommunikativen Erfolg. Und diesen Zustand, wenn wir mit uns völlig im Reinen sind, kann man auch anders beschreiben. Nämlich mit dem zwar altmodischen aber doch wunderschönen „glücklich sein". Und das ist doch ein schönes Ziel für uns alle. Wie können wir dieses Ziel erreichen?

Im alltäglichen Umgang mit anderen Menschen – nicht nur unseren Mitarbeitern oder Kunden – hilft es uns sicher, wenn wir die aufgeführten fünf Typen identifizieren können und ihre Grundmotivationen kennen. Ich habe dieses Buch aber „Der Fisch stinkt vom Kopf" genannt, um deutlich zu machen, dass wir bei allem, was Motivation und das Motivieren von anderen Menschen betrifft, zunächst bei uns selbst anfangen müssen. Denn tagtäglich kommunizieren wir nicht nur mit anderen Menschen, sondern wir befinden uns auch ständig in einem inneren Dialog. Wir kommunizieren, wir reden mit uns selbst. Die beliebtesten Themen für diese intimen Gespräche sind: Was für ein Mensch möchte ich sein, welche Ziele habe ich eigentlich in meinem Leben? Und an dieser Stelle haben wir einen weiteren Schlüsselbegriff der Motivation erreicht: Ziele. Sie sind unser eigentlicher seelischer Treibstoff. Ziele können uns beflügeln oder sie können uns – entschuldigen Sie das Pathos – in den Abgrund reißen. Denn unsere Ziele zerstören uns, wenn wir uns nicht mit ihnen identifizieren können. Wenn wir die Ziele, die wir zwar als notwendig und sinnvoll erkannt haben, aus ethischen Gründen, weil sie unserer Grundmotivation entgegenstehen oder weil sie uns unrealistisch erscheinen, ablehnen, ist unser Misserfolg vorprogrammiert. Umgekehrt ist die angestrebte Zielerreichung umso wahrscheinlicher, je uneingeschränkter wir unsere Ziele akzeptieren und uns mit ihnen identifizieren. Wenn Sie sich die Formel für den kommunikativen Erfolg anschauen, gibt es da ein Ziel. Aber dieses Ziel steht stellvertretend für die Summe unserer Ziele: Es gibt Fernziele, es gibt Nahziele und es gibt mittelfristige Ziele. Als Menschen brauchen wir alle drei Zielvorgaben, um Glück zu spüren, und mit allen dreien muss eine vollständige Identifikation entstanden sein. Wie wichtig es ist, dass ein Fernziel, die Vision, auf realistische Nahziele heruntergebrochen wird, werden Sie später bei den Hauptdarstellern dieses Buches merken. Aber zunächst ist Identifikation mit den Zielen der Schlüssel. Denn es bedeutet, Kopf und Bauch denken in dieselbe Richtung. Intellekt und Gefühl stimmen überein.

Persönliche Ziele entwickeln

Die Formel zum kommunikativen Erfolg beginnt und funktioniert bei der kleinsten sozialen Einheit. Früher war das mal die Ehe, heute vielleicht eine wie auch immer geartete Zweierbeziehung. Eine langjährige feste Paarbeziehung ist für die allermeisten Menschen noch immer ein sehr erstrebenswertes Ziel. Und manchmal funktioniert das sogar. Die meisten Paare haben sich nie die Arbeit – oder die Freude – gemacht, sich gemeinsam hinzusetzen und zu sagen: „Weißt du was, lass uns mal ein Bild machen. Wie sieht unsere Ehe eigentlich in 10 Jahren, in 20 Jahren und in 50 Jahren aus?" Aber wenn da bei beiden mal ein Bild entstanden ist, das im Kopf fest verankert und bei beiden identisch ist, wenn darin sozusagen die Identifikation für ihre Partnerschaft abgebildet ist, dann kann man machen, was man will – und da können dann auch Fehler in der Beziehung passieren –, aber die beiden bleiben zusammen: ein kommunikativer Erfolg. Und was für einer, angesichts der heutigen Scheidungsraten. Aber Achtung: Sie werden niemals zu einer glücklichen Partnerschaft kommen, wenn bei Ihnen oder bei Ihrem Partner/Ihrer Partnerin dieser innere Dialog nicht funktioniert, wenn dieser also mit sich selbst nicht zufrieden ist und gar nicht weiß, wie er zur eigenen Zufriedenheit gelangen soll und was dazu nötig ist. Wenn Ihr Partner schon selber keine Ziele hat und nichts hat, was ihn antreibt, was Sehnsucht in ihm auslöst, dann wird es so sein, dass er sich auf die gemeinsamen Ziele konzentriert und versucht, sie zu seinen eigenen Zielen zu machen. Und dann wird es meist nichts mit der glücklichen Partnerschaft. Denn das wäre ein Prozess, der über den Verstand gesteuert wird: Ich werde glücklich, wenn meine Partnerschaft glücklich ist. Stimmt aber nicht, wenn Bauch oder Herz die ganze Zeit „nein" sagen.

Nun kann Ihnen das ja eigentlich egal sein, ob einer nun glücklich verheiratet ist oder nicht, solange er seine Arbeit macht. Aber dieser Effekt der übereinstimmenden Identifikation ist in einer Firma oder in einem Team genau derselbe wie in der Paarbeziehung. Die Forscher der DUW formulieren es so: „Eine starke Unternehmensvision spricht die Emotionen der Belegschaft an, stärkt das Gemeinschaftsgefühl und motiviert. Entwickeln Sie gemeinsam mit Mitarbeiterinnen und Mitarbeitern eine möglichst konkrete Vision. In schwierigen Situationen können Sie immer wieder auf dieses Bild zurückgreifen."[1]

Worin unterscheiden sich Nah-, Kurz-, und Fernziele?

Im Idealfall fangen wir immer damit an, unsere Fernziele auszubilden. Wir wissen aber heute, dass die Klassifizierung gar nicht so wichtig ist. Früher haben die Motivationstrainer immer gesagt, du brauchst Ziele, mit denen du

---

1) *Motivieren, Binden, Weiterbilden. Eine Studie der Deutschen Universität für Weiterbildung zur Mitarbeitermotivation,* http://www.duw-berlin.de/fileadmin/user_upload/content/presse/DUW-Studien/DUW_Motivation_klein.pdf.

dich voll und ganz identifizierst. Heute sagt man: Das, was am meisten antreibt, ist natürlich das, was weit weg ist.

Als Beispiel für ein Fernziel – Sie können das auch Vision nennen: „Ich bin heute 41 Jahre alt. Wenn ich 65 Jahre alt bin, sitze ich in meinem eigenen Haus mit Doppelgarage davor, Porsche darin, und mit meiner immer noch ersten Frau. Wir haben Kinder und glückliche Enkelkinder. Wir haben genug Geld, um in den Urlaub zu fahren, sind glücklich und freuen uns über die regelmäßigen Besuche unserer Kinder. Wir haben eine Haushälterin, unser Leben ist toll und glücklich, wir trinken Rotwein und rauchen teure Zigarren.“ Dieses Bild, das Sie sich in Ihrem eigenen Kopf machen, das ist ja nichts, was übermorgen passiert. Das liegt in der Ferne. Eine Vision, wie Sie im Alter leben wollen. Eine Vision ist nichts anderes als ein Ziel. Eben das entfernteste Ziel. Wenn wir dem einen Namen geben wollen, nennen wir es Vision.

Dieses Ziel ist nicht unveränderlich, es kann sich anpassen und ist verschiebbar. Heute sieht es so aus und in einem Monat kann es anders aussehen. Das ist nicht schlimm. Wichtig ist, dass die Identifikation damit vorhanden ist. Und dass dieses Ziel sexy ist. Natürlich im Rahmen der Möglichkeiten, die einem als Mensch gegeben sind. Wenn dieses Ziel passt, wenn Sie es visualisiert haben und es in Ihnen Sehnsucht auslöst – Sehnsucht ist etwas sehr, sehr Kraftvolles, das immer irgendwie im Hinterkopf da ist –, dann ist dieses Bild ein unglaublicher Antreiber. Deswegen können Sie dieses Ziel auch beständig hinterfragen. Es wird immer irgendwo im Hinterkopf bleiben. Nun kann es ja passieren, dass diese Vision aufgrund von bestimmten Lebensumständen zu bröckeln anfängt. Beispielsweise passiert Ihnen ein schwerer Unfall. Arm ab, Bein ab, Sie können sich nicht mehr bewegen. Oder, in Business-Kreisen auch recht beliebt: Herzinfarkt. Auf einmal sind Sie körperlich eingeschränkt und Ihre Vision, in der Form wie Sie sich die einmal gesetzt haben, ist jetzt definitiv nicht mehr erreichbar. Dann machen Sie sich eine neue Vision. In diesem Fall beginnen Sie, sich zunächst an die mittel- und kurzfristigen Ziele zu machen.

Bei Menschen, die ein solches Krankheits- oder Unfallerlebnis hatten, ist das so, dass der Therapeut mit ihnen anfängt, erst mal kurzfristige Ziele aufzubauen. Dabei geht es um die Erfahrung, schnellen Erfolg mit diesen kurzfristigen Zielen zu haben: „Hurra, ich kann wieder allein aus dem Bett aufstehen." Oder, wenn der Arm ab ist: „Na bitte, ich kann mir die Schuhe jetzt mit einer Hand zubinden." Das sind jetzt natürlich extreme Beispiele. Die sind vielleicht eher selten, aber sie haben den großen Vorteil für uns, dass der Lerneffekt besonders plakativ ist. Denn aus solchen Situationen lernt ein Mensch – aus der Schocksituation heraus. Auf einmal kann er ja doch das Problem lösen, das sich vorher wie ein Berg vor ihm aufgetürmt hat. Und jetzt fängt dieser Mensch an, sich aus den Nahzielen die mittelfristigen Ziele und vielleicht auch die ferne Vision aufzubauen. Aber sie wird dann eben anders aussehen als vor der Schocksituation.

In diesem Fall gab es also nicht zuerst die Vision, aus der sich Mittel -und Nahziele entwickeln. Es funktioniert also auch ohne den klassischen Aufbau. Wenn unsere Vision zerstört wird, fangen wir mit einem neuen Nahziel an. Oder auch in der Mitte, das spielt keine Rolle. Das Wichtige ist, dass der Mensch für sich erkennt: Ich brauche meine Antreiber. Und die muss ich mir selbst suchen. Und für die bin ich selber verantwortlich. Und wenn ich lange genug suche, wenn ich lösungsorientiert suche, dann finde ich die auch. Und dann fange ich an, wieder mein komplettes Ziel- und Visionsmodell aufzubauen. Achten Sie auf das Gefühl der Sehnsucht in Ihnen. Sehnsucht ist eine gewaltige, kraftvolle Motivationsquelle. Wer jemals richtig geliebt hat, weiß genau, wovon ich spreche.

Jetzt sind ja viele Menschen nicht besonders geübt darin, einfach mal in Ruhe in sich reinzuhorchen, sich einfach mal etwas vorzustellen. Vielleicht stellen Sie sich gerade die Frage, wie Sie so eine Vision für sich selbst entwickeln können. In dem ganzen Stress, in der Hektik. Man kommt ja sowieso schon zu nichts ... Vielleicht sind Sie ja auch schon in so einem Loch drin, schuften vor sich hin und marschieren direkt in Richtung Burn-out? Dann ist es jetzt wie bei einem hochdrehenden Motor: Kupplung treten, Drehzahl runter, Zeit nehmen. Das muss sein. Und jetzt haben Sie sich die Zeit genommen. Und sitzen rum und wissen nicht, was Sie jetzt tun sollen, und es kommt gar keine Vision – außer vielleicht von zu viel gutem Rotwein. Eine klassische Methode, ein Ziel zu visualisieren, ist, dass Sie sich hinsetzen und einen Brief an sich selbst schreiben. Stellen Sie sich vor, den machen Sie dann in vielen, vielen Jahren auf. Angenommen, Sie sind jetzt 41, dann vielleicht zum 65. Geburtstag. Das wäre so ein passender Einschnitt. Und den Brief schreiben Sie dann so, als wäre alles schon passiert, als hätten Sie das, was Sie formulieren, schon erreicht. Ja, lieber Hein, du bist jetzt 65 und mit Stolz kannst du darauf zurückblicken, wie du aus einem kleinen Fischstand ein wahres Imperium ... und so weiter. Oder, das kommt jetzt meinem Brief sehr nahe: Sie schreiben eine Jubelrede aus der Sicht Ihres besten Freundes zu Ihrem 65. Geburtstag. Stellen Sie sich vor, alle Ihre Freunde sind da. Was würden Sie sich wünschen, sollte Ihr bester Freund in so einem Fall über Sie sagen können? Vielleicht ist Schreiben aber nicht so Ihre Sache. Visuelle Typen könnten sich beispielsweise eine Collage machen: Nehmen Sie sich Spiegel, Stern, Gala ... alles was bunte Blätter und schöne Bilder der Reichen und Schönen in sich rumträgt. Und dazu nehmen Sie ein großes Flipchart-Papier und fangen an, Dinge draufzukleben. Wie Sie sich Ihre Welt vorstellen. Und da wird nicht nur der Porsche, Mercedes, SUV dabei sein, sondern da kleben ganz viele Menschen auch einfach ein glückliches älteres Paar drauf. Um die angestrebte langfristige Beziehung zu visualisieren. Partybilder stellen Ihr soziales Netzwerk dar. Denn natürlich werden Sie häufig eingeladen. Von netten Leuten. So werden Netzwerke dargestellt, die Tatsache, dass man häufig eingeladen wird, beliebt ist. So was eben. Das findet sich dann meistens da drauf.

Unternehmensziele entwickeln

Wenn wir Ziele für ein Unternehmen entwickeln wollen, funktioniert das auf dem gleichen Weg. Wir greifen noch mal zurück auf das Beispiel eines Pärchens. Zwei Menschen, die sich gefunden haben. Alles ist noch ganz frisch. Schmetterlinge im Bauch. Wo jetzt gerade noch die Hormone verrückt spielen. Und diese Hormone, Dopamin, Serotonin, Neurotrophin, Oxytocin, Testosteron und was da alles ausgeschwemmt wird, die treiben uns schon dahin, dass wir in diesem Fall intuitiv das Richtige machen. Dann geht es nämlich mit der Zukunftsplanung los. Insbesondere das Dopamin macht, dass es uns so richtig gut geht; und erleichtert so die Vorstellung, sich auf eine monogame Sexualbeziehung einzulassen und die Verantwortung für eine eigene Familie zu bewältigen. Also, die beiden sind noch so richtig scharf aufeinander. Wollen so viel Zeit wie möglich miteinander verbringen. Und beide machen alles möglich, um sich diese Zeit freizuschaufeln. Die üben sich jetzt in perfektem Zeitmanagement. Und die fangen auch automatisch an, miteinander Zukunftsvisionen zu entwickeln: Die fangen an, von Verlobung und Hochzeit zu sprechen, die machen sich schon Gedanken, wen sie einladen, Gedanken über den Kindesnamen, wie der Freundeskreis zusammengebracht wird und so weiter und so fort. Macht alles das Dopamin.

Aber dann gibt es eben in Beziehungen diese Phase, wo der Körper des Gegenübers schon ausreichend erkundet wurde und keine Überraschungen mehr bietet, in der es auch anfängt, dass erste Zwänge aufgebaut werden. Man lebt die Sexualität jetzt doch wieder irgendwie anders aus.

Kurz: Das gemeinschaftliche Leben ist ritualisiert. Sie kennen das ja: Es gibt klare Dinge in der Beziehung, die man tut und die man nicht tut, und dann sind die Hormone auch auf einmal weg und jetzt – der Psychologe weiß das – wird jede Liebesbeziehung zu einer Zweckbeziehung. Und in dieser Zweckbeziehung, wenn sie denn nur noch von Ritualen lebt und das Abenteuer und auch die Herausforderungen daran weg sind, geht es meistens los, dass viele schon mal anfangen, nach links und rechts zu gucken. Gerade in dieser Phase ist es wichtig, sich regelmäßig zusammenzusetzen und auch in dieser Zweckbeziehung seine gemeinsamen Ziele zu hinterfragen, zu schauen, ob Kopf und Herz oder Bauch noch im Gleichklang mitspielen. Das heißt, wenn wir mal vom negativen Fall ausgehen, könnte es passieren, dass das Paar sich trennen will. Aber irgendwo war es ja doch schön. Professionelle Hilfe wird gesucht. Das Paar geht also zum Eheberater. Und was macht der? Nichts anderes, als mit dem Pärchen über die Ziele zu sprechen, die sie damals hatten, als die Hormone noch durchs Blut gespült wurden und die hohen Emotionen noch da waren. Jetzt muss er dafür sorgen, dass die beiden wieder über diese Ziele sprechen. Das heißt, die reden gar nicht so viel darüber, was nicht funktioniert oder was aneinander nervt. Das wird zwar auch mal angesprochen, aber das ist in der Therapie nur ein Teil. Einfach, damit es mal raus ist, damit es mal ausgesprochen ist, wie sehr die Socken auf dem Stuhl nerven, und damit der andere gezwungen ist, mal zuzuhören. Aber der eigentliche Erfolg entsteht immer dann, wenn es dem Therapeuten gelingt, die beiden dazu zu bringen, das Wertvolle an ihrer Beziehung zu skizzieren und vor allem eine Vision zu schaffen, wie diese Beziehung in zehn, fünfzehn Jahren aussehen könnte. Was wäre das Wertvolle, wenn dieses Paar zusammenbliebe? Wie sähe denn dann seine Welt aus? Und wenn die beiden noch mal anfangen, ihre Bilder im Kopf zu malen, und diese Bilder sehen sich ähnlich, dann könnte die Beziehung wieder gerettet sein und die beiden werden wieder mit Spaß und Freude zusammenleben.

So läuft das beim Paar. Kurzfristige, mittelfristige, langfristige Ziele. Aus den langfristigen ergeben sich die mittelfristigen Ziele. Aus den mittelfristigen Zielen ergeben sich die kurzfristigen Ziele. Gibt es irgendeine Katastrophe, fängt man eben neu an und justiert neu. Ist völlig egal, wo man dann anfängt. Die kurzfristigen Ziele sind aber am leichtesten zu erreichen, weil sich da die schnellsten Erfolge einstellen. So macht es auch der Therapeut: „Gehen sie doch mal wieder zusammen ins Kino." „Aha, Sie waren im Kino, wie wars denn?" „Jawohl, wir waren im Kino und wir sind nachher noch einen trinken gegangen, wir haben gelacht, wir hatten Spaß." „Och, na sehen Sie, ist doch toll, da sind wir ja schon mal einen Schritt weiter." So! Und dann gehts weiter.

Bei Unternehmen läuft es genauso. Ein Start-up-Unternehmen fängt an. Ein paar bekloppte, verrückte Studententypen treffen sich in einer Bar und haben eine Geschäftsidee. Dank eines Unternehmensberaters oder weil einer vielleicht Betriebswirtschaft studiert hat, sind die Werkzeuge bekannt. Man setzt sich hin und macht einen Businessplan.

Was schreiben die in diesen Businessplan? Die Firmenvision! Sehr schön können Sie in dem Film „The Social Network" sehen, wie Facebook-Gründer Mark Zuckerberg seine Vision entwickelt hat. Wie er gemerkt hat, dass er da auf dem richtigen Weg ist, und dann anfing, diese Vision gnadenlos umzusetzen. Und seine Vision war so stark, dass alles links und rechts an ihm abgeprallt ist. So ist es bei vielen Unternehmen. Es beginnt mit einer Idee, die Sehnsucht und tolle Gefühle freisetzt. Das wäre dann, in Corporate Speech schön im Businessplan zu Papier gebracht, die Vision. Das Fernziel. Aber es wird natürlich auch runtergebrochen auf die mittelfristigen Ziele und auf die Nahziele: Was muss jetzt getan werden, um dieses Geschäft überhaupt ins Laufen zu bringen? Sie bauen Ihre Produktpalette, Ihre Dienstleistungspalette auf, Sie beschreiben den Nutzen dieser Produkt- oder Dienstleistungspaletten, Sie kalkulieren Preise, überprüfen, ob sie marktgerecht sind. Sie überprüfen im Mitbewerberbereich, ob Sie Alleinstellungsmerkmale haben. Dann fangen Sie an, Ihr Netzwerk aufzubauen. Sie fragen: Wer sind die Multiplikatoren, die Ihre Idee nach vorne treiben können? Wer beeinflusst Sie im Geschäft? Die Presse beispielsweise, die Öffentlichkeitsarbeit, regionale Netzwerke vor Ort, um in Schulen und Universitäten Mitarbeiter zu finden und High Potentials anzuwerben. Und alles das schreiben Sie in diesem Plan nieder. Und wenn alles gut ist, gibt die Bank Geld und Sie fangen wirklich an zu arbeiten.

Wie beim Paar ist es auch bei vielen Firmen. Die fangen mit einer unglaublichen Energie an. Weil dieses Ziel, diese

Vision einfach noch so stark zieht. Bis dann – analog zu unserem Paar-Beispiel – der Arbeitsalltag so ritualisiert ist, dass auch die größte Vision nicht mehr so richtig zieht: Der sicherste Weg, einem Ziel seine Kraft zu nehmen, ist schließlich, dass man es erreicht. Denn jetzt sitzt man da mit seinem Unternehmen. Und nun? Nun müssen eben neue Visionen her. Und das Unternehmen holt sich dafür auch professionelle Hilfe. Ein Unternehmensberater muss her. Was macht ein Unternehmensberater, der merkt, dass es in dem Betrieb runtergeht? Er geht dort hin, schaut sich den aktuellen Betrieb an, um vielleicht Hebel zu finden, wo man sofort ansetzen kann, und dann gehts sofort los: Ist die Vision noch zeitgerecht? Muss sie neu aufgebaut werden? Aber was die Unternehmensberater – weil sie eben klassische Kaufleute sind – oft nicht verstehen, ist, dass diese Vision auch Gefühle auslösen muss. Weil sie das nicht verstehen, beschreiben diese Unternehmensberater die Vision oft einfach selbst und sagen zu den anderen: Das hier, das habe ich mir ausgedacht, das passt zu euch. Das ist ab sofort eure Vision. Die kognitive Dissonanz ist in dieser Version dann meist gleich eingebaut. Und kognitive Dissonanz ist nicht gut. Das lesen Sie bald.

Also wird die Vision des Unternehmensberaters kommuniziert. „Wir haben ab sofort eine neue Vision. Die Vision, die wir ab sofort alle haben, ist 1., 2., 3. und und und…" Die Mitarbeiter sind aber an dieser Visionsentwicklung überhaupt nicht beteiligt gewesen, sondern nur davon betroffen. Und dann sagen die: „Aha, schön, dass Ihr eine Vision habt. Geht mal zum Arzt."

Wenn man es richtig macht, entwickelt man das Ganze – im Rahmen der Möglichkeiten des Betriebs und des Geschäftszwecks – natürlich gemeinsam mit den Mitarbeitern, sodass die, wenn sie den Text nachher lesen, auch sagen: „Das ist unsere Vision. Da habe ich dran mitgearbeitet und damit kann ich mich voll und ganz identifizieren." Das löst dann eine ganz andere Kraft aus. Weil jetzt nicht nur der Verstand weiß, wie die Vision aussieht, sondern das Herz eben auch mitmarschiert ist. Deswegen ist es bei strategischen Prozessen so wichtig, dass nicht nur die Firmenleitung diese Dinge bestimmt. Klar sind die aus der Firmenleitung diejenigen, die Verantwortung haben. Aber gerade weil sie die haben, sollten sie von Anfang an ein Konzept entwickeln, das die gesamten Mitarbeiter bei der Visionsentwicklung mitnimmt. Denn nur wenn dieser Prozess erfolgreich ist, erfolgt im Regelfall die gewünschte Verjüngung: Das Unternehmen bekommt wieder mehr Schwung.

Charismatische Führungspersönlichkeiten

Tatsächlich gibt es charismatische Unternehmensführer, die ganz allein stark genug sind, Visionen zu entwickeln, und denen die Mitarbeiter dennoch folgen. Das Beispiel, das uns in der heutigen Zeit sofort einfällt, ist der verstorbene Apple-Gründer Steve Jobs, der als starker Visionär galt und auch jemand war, der die Menschen in seinem Umfeld sofort sehr stark für diese Vision begeistern konnte. Das heißt, er war kommunikativ so stark und er war so überzeugt von dem, was er tat, dass sein Umfeld von seinem Energiefeld förmlich mitgerissen wurde. Viele andere wollen auch so sein wie Steve Jobs. Aber oft haben sie weder die kommunikativen noch die visionären Erfahrungen dazu. Das ist eben etwas Besonderes. Und deswegen müssen sich die meisten dabei tatsächlich helfen lassen.

Wenn ein Mitarbeiter nickt und sagt, ich habe die Vision verstanden und verinnerlicht, heißt das eben noch lange nicht, dass er sie auch tatsächlich verstanden und angenommen hat. Ohne das wird es aber nie funktionieren. Das heißt also für den Betrieb: strategisches Vorgehen entwickeln, regelmäßiges Erneuern der Vision, regelmäßiges Erneuern der Mission.

Ziele verinnerlichen

Was machen Unternehmen? Wo gehe ich, Hein Hansen, beispielsweise hin, um so was umzusetzen? Ich erzähle Ihnen ein Beispiel aus meiner Praxis. Wir waren neulich bei so einem großen Unternehmen aus der Pharma-Branche. Dort habe ich einen Vortrag gehalten. Ungefähr auch das, worum es in diesem Buch geht. Während wir also in der Theorie über diese Dinge gesprochen haben, gab es natürlich einen tosenden Applaus aus dem Publikum. Konnte ich gut verstehen, war für mich ein großer, großer Erfolg. Was dieses Publikum – 150 Außendienstmitarbeiter – nicht wusste: dass das nur die Theorie war und am nächsten Tag die Praxis folgte. Zusammen mit drei weiteren Team-Trainern habe ich die im Rahmen ihrer Außendienstkonferenz dazu gebracht, bestimmte Spiele zu spielen. Ihre Motivation also mal in der Praxis zu testen. Und ich will das kurz vorwegschicken: Zu diesem Identifikationsmodell gehört ja auch das, was passiert, wenn ich mein Ziel mal nicht erreiche. Dann kommt es zu Frust, Stress, Dauerstress und so weiter und so fort. So etwas kann man natürlich hervorragend in einem Mikrokosmos wie einer Außendienstkonferenz sofort aufzeigen. Bei einem Spiel beispielsweise setzt man eine Gruppe mit zwölf Mann auf eine winzig kleine „Insel". Wo sie dann schön eng aneinandergedrängt stehen müssen. So was lieben erwachsene Männer ja sowieso. Und in so 15 Metern Entfernung sehen sie die zweite Insel. Das ist die „Insel der Glückseligkeit." Da sollen sie hin. Mittels einer Floßfahrt. So heißt im Fisch-Kontext auch das Spiel. Denn um die Insel rum, auf der die alle stehen, ist das Gewässer komplett leer gefischt. Da waren sie zu erfolgreich, die Fischgründe sind jetzt leer. Aber da drüben, bei der „Insel der Glückseligkeit", da sind die leckersten Fische schwarmweise unterwegs und springen erst von selbst ins Netz und dann in die Pfanne. Da müssen die jetzt also hin. Aber sie haben nur begrenzte Ressourcen, um dieses Ziel zu erreichen. Für die zwölf Männer sind das zehn kleine Flöße. Die werden dargestellt durch 60 Zentimeter lange und maximal acht Zentimeter breite Hölzer. Und über diese Hölzer müssen sie dann rübergehen. Wenn ein Teammitglied den Boden berührt, muss sein Team zurück, beziehungsweise die Person, die den Boden berührt hat, wird

„blind gemacht". Und dann werden die Ressourcen immer knapper. Das heißt, wenn jemand in diesem Team nicht aufpasst, dann fehlt dem ganzen Team nachher eine Ressource. Dann haben wir nämlich ein Floß weggenommen. Natürlich macht man das als Wettbewerb. Mehrere Teams gegeneinander. Und jetzt können Sie sich vorstellen, wie das Ganze aussieht. Die fangen an, legen die Flöße nach vorne und 80 Prozent der Teams machen sich keine Strategie. Überhaupt keine. Die legen einfach mal los. Dabei hätten sie vorher eine Strategie sogar ausprobieren können, denn die Zeit haben wir ihnen vorher gegeben. Aber die gehen gleich los, die sagen: Okay. Scheiß auf das Lesen der Bedienungsanleitung. Ich will das jetzt schaffen. Das endet meistens im Desaster. Und man erlebt Frust live. Da erleben Sie Führungskräfte, die die Hölzer mitten im Spiel nehmen, ins nächste Gebüsch feuern und schimpfen und fluchen: „Das ist ja der letzte Dreck, der letzte Scheiß hier…" und so weiter. So ein bisschen wie ein bockiges Kind, das nicht verlieren kann und jetzt einfach nicht mehr mittun will. Die Führungskraft! Das Vorbild der Gruppe! (Ja. Genauso hat das der Hein erlebt!)

Und was lernt man daraus? Dass das, was in diesem Buch steht, die schöne Theorie ist. Aber wenn wir das in der Praxis üben, erlebe ich in diesem kleinen Mikrokosmos sofort, was es bedeutet, Frustrationen zu haben. Die Vision in diesem Fall ist klar: Ich muss zur anderen Insel rüber. Das Motiv dahinter ist unterschiedlich. Ich will mit meinem Team nicht Letzter werden. Vielleicht habe ich sogar den Anspruch,

Erster zu werden, will die Aufgabe besonders gut machen. Oder auch: Ich will mich vor den anderen nicht blamieren. Ich will diese Sache gut lösen und strebe so nach sozialer Anerkennung. Eigentlich sind alle Grundmotivationen in solchen Spielen integriert. So! Jetzt haben wir gespielt und nachher gibt es eine Feedback-Runde. Und wir fragen die Menschen: Wie ist denn das in der Praxis? Also so ein Außendienstler, der draußen unterwegs ist, hat ja auch Ressourcen zur Verfügung. Eine Ressource ist seine Zeit. Die nächste der Werbekostenzuschuss, den er seinen Kunden anbieten kann. Immer eine sehr beliebte Ressource. Je mehr er zur Verfügung stellen kann, umso leichter ist es, Umsatz mit dem Kunden zu machen. Aus dem Blick des Außendienstlers zumindest. Denn umso weniger muss er kämpfen. Die nächste Ressource sind die Produktpreise, die Art, wie er Rabatte geben kann, alles dargestellt durch diese symbolischen Flöße. Was ist, wenn mal weniger da ist? Wie reagiert er dann? Und es ist ganz lustig, den Menschen mal ins Gesicht zu schauen, wenn man diese Feedback-Runde macht. Du weißt ganz genau, was in den Köpfen vorgeht. „Ja, das kenne ich, und ja, genau, du bist so und ich bin eben auch so."

Das ist ein Weg zur Selbsterkenntnis. Wenn man solche Ziel-Workshops macht im Unternehmen und beschreibt, da wollen wir hin, wir haben eine neue Vision, wir haben eine neue Produktpalette, die uns im Markt ganz weit nach vorne bringen könnte, und wenn das von einer strategischen Kommission, also von der Unternehmensführung, einer Unternehmensberatung, einem Trainer, entwickelt wird, dann ist das eine. Aber jetzt gilt es, die Mitarbeiter mitzunehmen und darauf einzuschwören. Und wenn ich das über solche Spiele manifestiere, bringt es natürlich deutlich mehr. Weil ich den betroffenen Mitarbeiter jetzt – schon im Entstehungsprozess – darauf hinweisen kann, was alles auf ihn zukommen kann, wenn wir diese Vision umsetzen. Sicher, das Ziel ist sexy. Alle haben einen sicheren Arbeitsplatz, alle verdienen mehr Geld. Aber: Es werden auf diesem Weg Herausforderungen, es werden auf diesem Weg auch Schwierigkeiten auftreten. Und das ist normal, weil man nicht alles planen kann, was im Leben passiert. Dazu ist das Leben zu komplex. Und weil wir in so einem Prozess diesen Frust quasi vorab erleben lassen, wird dieser Frust keine neue Erfahrung mehr sein, die die Mitarbeiter komplett aus der Bahn wirft. Sondern sie ist nicht nur verstandesmäßig, sondern auch emotional so verknüpft, dass der Mitarbeiter schneller und ordentlich zum ausgegebenen Ziel kommt.

Zusammenfassung

Ziele sind das, was uns antreibt. Diese Ziele können wir zu Bildern visualisieren. Die angestrebte Zielerreichung ist umso wahrscheinlicher, je uneingeschränkter wir unsere Ziele akzeptieren und uns mit ihnen identifizieren. Mit dem Verstand = Kopf und emotional = Herz/Bauch. In diesem Fall sprechen wir von kommunikativem Erfolg und innerer Zufriedenheit. Diesen Erfolg können wir erreichen in der Kommunikation mit uns selbst, mit unserem Partner sowie in der Kommunikation mit unseren Mitarbeitern. Übereinstimmende Ziele sind dabei sehr wichtig. Wir unterscheiden

- Nahziele
- Mittelfristige Ziele
- Fernziele, die wir auch Visionen nennen.

Den größten Antrieb geben uns unsere Fernziele. Umgekehrt sind Nahziele am schnellsten zu erreichen und ermöglichen uns die schnellsten Erfolgserlebnisse. Damit sich alle Beteiligten mit den gleichen Zielen identifizieren können, ist es wichtig, dass die Ziele gemeinsam entwickelt werden. Denn dann ist die Identifikation mit den Zielen am höchsten. Das gilt in einer Paarbeziehung genauso wie in einem Unternehmen.

11

Die kognitive Dissonanz

So, Kolleginnen und Kollegen. Wir haben dank der Firma Gallup bereits festgestellt, dass sich ein hoher Prozentsatz der berufstätigen Menschen leider nicht mit ihren beruflich vorgegebenen Zielen identifiziert. Ziel und Identifikation stimmen nicht überein. Diese Ungleichheit von Ziel und Identifikation führt aber zur sogenannten kognitiven Dissonanz, einem auf Dauer eher unangenehmen Zustand innerer Spannung. Der Kopf denkt in die eine Richtung und der Bauch in die andere. Und der Bauch ist wichtig. Unsere Körpermitte ist nämlich ziemlich schlau und sendet uns unmissverständliche Signale. Nicht nur wenn wir Hunger haben, sondern auch, wenn wir uns in unserem Job oder anderweitig unwohl fühlen. Nur wenn die Gefühle auch mitspielen, sind wir wirklich motiviert, sagt dazu Kai Verbarg von der Deutschen Universität für Weiterbildung

(DUW). Der ist zwar kein Fischverkäufer, aber immerhin Diplom-Psychologe. Und auf dessen Feld bewegen wir uns jetzt.

Das klingt jetzt erst mal ziemlich kompliziert. Ist es aber nicht. Alle Männer erinnern sich jetzt mal ein bisschen zurück. Die Damen machen sich mal keine Sorgen, Ihr seid auch dabei. Damals, Männers, als Ihr noch junge, wilde Stecher wart. Hat es jeder im Kopf? So einen jungen Mann stellen wir uns jetzt mal vor. Und der meint, er brauche jetzt mal ein bisschen Spaß und vielleicht auch mal ein Mädel. Also geht er zum Skiurlaub. Nach Österreich. Der Skiurlaub ist wunderbar, er fährt dort den ersten Tag Ski und ist richtig schön geschafft, von der frischen Luft und der Bewegung. Jetzt hat er auch richtig Hunger und er geht hoch auf die Hütte und sieht dort ein wahnsinnig tolles Bild mit Spaghetti bolognese. Die Tomaten, die gucken da raus, Zwiebelstücke und Hackfleisch springen ihm auf dem Bild entgegen. Ihm läuft das Wasser im Mund zusammen und er sagt sich, super, das ist genau das, was ich brauche. Und das bestellt er sich. Und dann geht er zur Kasse, mit dem Bild der unglaublich leckeren Spaghetti bolognese im Kopf. Aber was kommt da tatsächlich? Ein Haufen Nudelpampe mit Soße, die mehr nach Chemiefabrik riecht, schmeckt und aussieht als nach Zwiebeln und Hackfleisch. Das ist eine kognitive Dissonanz. Und die kostet 12,80 Euro.

Noch ein Beispiel obendrauf: Abends geht er in die Disco und sieht sie. Die Traumfrau. So eine hat er sich schon immer gewünscht. Wahnsinn. Ist die hübsch, die muss er ansprechen, macht er aber erst mal nicht. Er macht das, was ein

deutscher Mann in so einem Fall eben meistens macht. Er bestellt sich Bacardi-Cola. Ein bisschen Mut antrinken muss wohl erlaubt sein. Und dann ist auch der erste Bacardi schon mal weg und sie, sie tanzt. Die kann sich bewegen! Das wäre eine für ihn. Die muss er jetzt einfach ansprechen, nimmt er sich vor. Aber zuerst nimmt er noch einen. Noch einen doppelten, dann geht das schneller. Und wenn er dieses Lächeln von ihr sieht: Wahnsinn. Er glaubt, er hat noch nie so ein Lächeln gesehen. Das ist ein Lächeln, das ist *die* Frau. Die spricht er gleich an. Einen nimmt er aber noch – ohne Cola. Und jetzt, jetzt ist er so weit. Und in dem Moment kommt der hässlichste Typ der ganzen Disco und geht mit ihr raus. Das, was er jetzt fühlt, das ist eine kognitive Dissonanz. Eine kognitive Dissonanz löst Frust aus. In beiden Beispielen im wahrsten Sinne des Wortes.

Frustration kommt vom lateinischen *frustra* und bedeutet „vergeblich", beziehungsweise *frustratio*, die „Täuschung einer Erwartung". Unser junger Held schiebt also Frust. Diese Situation ist aber eigentlich kein Problem. Beziehungsweise wäre sie für den Menschen kein Problem. Denn die Evolution hat den Menschen für Fälle wie diesen etwas Hilfreiches mitgegeben. Einen Trieb, um eben diesen Frust abzubauen: die Aggression. Und auch, wenn einem Unternehmer ab und zu ein bisschen Aggression nicht schaden kann, endet sie in Fällen wie diesem meistens nicht wirklich gut. Denn irgendwer sollte gleich jetzt zur Triebabfuhr blutend vor unserem jungen Mann im Schnee liegen. Am besten dieser hässliche Typ. Aber wenn nicht der, dann halt irgendjemand anderes. Unser junger Mann ist jetzt nicht mehr so wählerisch und geht beiden nach und fängt Streit an mit seinem Nebenbuhler. Die Frau bekommt er natürlich trotzdem nicht, denn die hat sich noch nicht auf frühevolutionäres Niveau runtergesoffen und hat es gar nicht so mit Aggression. Außerdem haben Frauen sowieso immer Mitleid mit dem Verlierer.

Egal. Wichtig ist, dass psychologisch in dem Moment für den Mann wieder alles okay ist. Psychologisch, weil die Aggression wirklich geholfen hat, den Frust abzubauen und das angekratzte Selbstbild wiederherzustellen. Das ist eigentlich eine schöne Sache. Aber Gewalt auszuüben ist gar nicht so leicht. Selbst wenn Sie körperlich und mental in der Lage wären, jemandem zur Befriedigung der eigenen Bedürfnisse das Nasenbein zu brechen. So etwas hat heute einfach keinen guten Ruf mehr. Deshalb ist dieses Verhalten normalerweise durch unseren hohen moralischen Standard blockiert. Das heißt, man weiß, man kann dem Typen nicht einfach auf die Fresse hauen, denn dann kommt die Polizei und man hat nichts als Scherereien. Das Führungszeugnis, die Karriere, alles ist im Eimer. Und womöglich ist der andere sowieso stärker. Oder nüchterner.

Und jetzt stellen wir uns vor, alle Deutschen fahren mal nach Österreich und bekommen alle dieselbe Pampe. Das ist kollektiver Frust vom Feinsten und da könnte der eine oder andere auf die Idee kommen, diesen Österreichern, denen könnten wir mal richtig gescheit eine Bombe rüberschicken. Bloß, die Gefahr besteht, die werfen eine zurück. (Ich hatte neulich einen Alpenbewohner am Fischstand und der hat gesagt, die sind inzwischen so weit.) Wir werden alle sterben. Also lassen wir das meistens. Mit Gewalt in dieser Form haben wir es heute aus den aufgeführten Gründen also nicht mehr so. Nicht nur unser moralischer, auch unser technischer Standard ist einfach zu hoch.

Aber der Frust ist ja da. Der müsste weg. Oder man muss Wege finden, mit dem Frust umzugehen. Findet man diese Wege nicht und findet man auch keinen Weg, die kognitive Dissonanz aufzulösen, gibt es Dauerfrust. Dieser Dauerfrust kann sich zum Beispiel – auch wenn das jetzt stark schematisch ist – durch Stress zeigen. Und damit ist nicht ein bisschen Hektik am Montagmorgen gemeint. Dieser Stress, der nervt und belastet. Der macht uns sogar krank. Ärzte sprechen dann von Dysstress. Im Stress-Fall erhöht sich die Herzfrequenz, der Blutdruck steigt, die Atmung beschleunigt sich, die Muskeln spannen sich an, die Tätigkeit der Geschlechtsorgane wird herabgesetzt, ebenfalls die der Verdauungsorgane. Begründet liegt dieses Muster in der Frühzeit unserer Entwicklungsgeschichte. Um ein Überleben der Art zu sichern, ist dieses Reaktionssystem eine äußerst sinnvolle und bewährte Einrichtung. Im Großraumbüro von heute sind allerdings die klassischen Stressreize wie körperlicher Angriff, Hunger, Kälte oder starke körperliche Beanspruchung, die den Körper in Alarmbereitschaft versetzen, eher weniger vorhanden. Zumindest in einem durchschnittlichen Großraumbüro. Heute kämpfen wir statt gegen Säbelzahntiger eher gegen Reizüberflutung, zu viele Aktivitäten, Isolation, Alltagsärger, zwischenmenschliche Konflikte und eben unsere kognitive Dissonanz. Und die von der Evolution vorgesehenen Reaktionen wie Flucht oder Angriff könnten unter den Kollegen durchaus Gesprächsbedarf hervorrufen. Aber als Langzeitfolge dieses Dysstresses drohen tatsächlich schwere Krankheiten oder psychische Einschränkungen.

Der nicht abgebaute Stress kann zu neurotischen Störungen wie etwa Phobien oder Manien führen. Eine Phobie ist eine krankhafte Abwendung von etwas. Arachnophobie beispielsweise bezeichnet die Angst vor Spinnen, während Klaustrophobie die Angst vor engen, geschlossenen Räumen bezeichnet. Im Gegensatz zur Phobie steht die Manie, eine krankhafte Zuwendung zu etwas. Wissen Sie, was die zweithäufigste Tätigkeit der Menschen im Internet ist? Die häufigste ist inzwischen das Surfen in sozialen Netzwerken wie Facebook, Twitter, Youtube oder irgendeinem nächsten großen Ding aus Kalifornien. Die zweithäufigste Tätigkeit ist natürlich – Entschuldigung bitte – das „Betrachten von Pornografie". Und wenn man da immer und immer wieder hinsurfen muss auf diese ganz speziellen Seiten, wenn das zwanghaft wird, dass man sich den Schweinkram immer und immer wieder …, dann wäre das durchaus schon ein kleiner Hinweis auf eine Manie. Nur mal so aus Neugier ist das dagegen völlig okay.

Eine weitere Folge des durch die kognitive Dissonanz hervorgerufenen Dauerfrusts kann eine Somatisierung sein. Ganz laienhaft erklärt drückt sich in einer Somatisierung die Übertragung von unerträglichen psychischen Zuständen auf die körperliche Ebene aus. Fachleute beschreiben es so: Die Somatisierung stellt das Ergebnis der

Umwandlung von Affekten wie Angst, Aggression, Wut, Ärger, Schuld oder sexuellen Triebwünschen auf Organe dar. Die genannten Affekte können sich beispielsweise in Erektionsstörungen, Migräne oder Magen-Darm-Störungen äußern.

Rolf Steinbronn, der Vorsitzende des Vorstands der AOK PLUS hat im Frühjahr 2013 festgestellt, dass die Zahl der Patienten, die in Deutschland wegen psychosomatischer Erkrankungen in Behandlung sind, steigt. In Sachsen beispielsweise im Zeitraum von 2009 bis 2011 um satte 20 Prozent. Und jetzt kommt was ganz Wichtiges. Dieser Anstieg wird nicht den verweichlichten Individuen angekreidet, sondern: „Die steigende Zahl der Patienten, die wegen psychischer oder psychosomatischer Erkrankungen in Behandlung sind, hat unter anderem ihre Ursache in den gesellschaftlichen Rahmenbedingungen und ist somit auch eine gesamtgesellschaftliche Aufgabe." [1] Gesamtgesellschaftlich, da gehören übrigens auch Sie dazu.

Zusammenfassung

Das Kapitel zeigt, warum „kommunikativer Erfolg" im Mittelpunkt unseres Lebens stehen sollte und warum eine Übereinstimmung zwischen unseren Zielen und den Dingen, mit denen wir uns identifizieren, so wichtig ist. Kommunikativer Misserfolg führt zur kognitiven Dissonanz.

---

1) *Psyche im Lot?... aus Sicht der AOK.* Vortrag von Ralf Steinbronn, Deutsches Hygiene-Museum Dresden, 24.4.2013.

Diese entsteht, wenn unsere Erwartungen und Ziele der Realität nicht standhalten. Beispielsweise weil wir uns mit den beruflich vorgegebenen Zielen aufgrund unserer Grundmotivationen nicht identifizieren können. Die kognitive Dissonanz ist ein großer Frustauslöser und Demotivator. Kognitive Dissonanz kann zwar durch aggressives Verhalten abgebaut werden. In der modernen Gesellschaft steht Aggression als Mittel des Frustabbaus aber nicht mehr zur Verfügung beziehungsweise ist streng sanktioniert. Nicht abgebauter Frust und Dauerstress können zu psychischen Störungen und körperlichen Krankheiten führen. Die Diagnostik psychosomatischer Krankheiten nimmt zu. Diese verursachen hohe unternehmerische und gesamtgesellschaftliche Kosten.

12

Wir drehen alle durch: Der Weg in die somatische Gesellschaft

Dr. Rainer Funk, ein bekannter Psychoanalytiker, beschreibt den Weg in die Somatisierung ziemlich genau. Für ihn, einen Schüler Erich Fromms, der ein Vorreiter der empirischen Sozialpsychologie war, ist die Somatisierung eine „Möglichkeit einer Maskierung eines Konflikts".[1] Und diese Maskierung lässt sich – zwar nicht nur, aber gerade auch – bei autoritären Strukturen, wie sie immer noch in den meisten Unternehmen herrschen, beobachten. Bei der Somatisierung werden der Beziehungskonflikt mit der Autorität und die mit ihm einhergehenden Leidenschaften wie Hass, Wut und Aggression in ein körperliches Leiden verwandelt.

---

1) *Harmonie um jeden Preis*, Fairness-stiftung.de/pdf/Funk_Konfliktmasken.pdf.

Können keinerlei organische Ursachen ausgemacht werden, spricht man von einer „funktionellen Störung": „Herr Doktor, das Herz, das Herz!" Das sticht, als wäre der Infarkt nur noch eine Sache von Minuten. Aber auf dem EKG ist nichts zu sehen. Denn das, was das Herz wirklich schmerzt, war die verletzende Kritik vom Chef im letzten Meeting. Und das kann das modernste EKG nicht anzeigen. Andere werden bei so was richtig sauer, haben rasende Wut auf den Chef, auf die Kollegen, das ganze beschissene System. Aber rauslassen kann man's ja nicht. Die Miete will bezahlt werden. Und deshalb rasen jetzt die Schmerzen durch das Herz oder den Kopf. Vertriebsassistentin Schneider kann auch nicht mehr, die will nicht mehr. Jeden Tag die gleichen Sticheleien. Aber einfach aufhören geht nicht. Das Auto muss zum TÜV. Da ist die Sehnenscheidenentzündung fast willkommen. Die tut zwar weh, aber der Schmerz maskiert den Konflikt mit der Abteilungsleiterin und hat darüber hinaus noch den Vorteil, jetzt ungestraft die Dienste verweigern zu können. Die Umwandlung von Psychischem in Somatisches folgt immer der gleichen Logik: Mit der Somatisierung soll der eigentliche Konflikt unkenntlich gemacht werden. Dass die Somatisierung in keinem Fall eine dauerhaft funktionierende Lösung ist, ist klar. Obwohl: Ich kannte da mal einen Lehrer mit Burn-out, der – verbeamtet und clever – nun raus ist aus dem, was er als Tretmühle empfindet. Keine Kevins und Mandys mehr für ihn. Aber anständige Menschen machen so was ja nicht...

Zusammenfassung

Die Somatisierung dient bevorzugt der Maskierung von Konflikten im Arbeitsleben. Ihr Vorkommen ist nicht auf Unternehmen mit autoritären Strukturen begrenzt, doch tritt sie hier besonders häufig auf. Die hohen Quoten an Krankmeldungen in autoritär geführten Betrieben im Vergleich zu solchen, in denen ein motivierter Vorgesetzter motivierte Mitarbeiter führt, sprechen eine deutliche Sprache.

13

Lösung KDR

Zur Auflösung einer kognitiven Dissonanz bieten sich zwei Möglichkeiten an, von denen ich eine für sinnvoll halte. Die andere, da sie nicht nachhaltig funktioniert, nicht. Sie ist aber kurzfristig bequemer und deshalb in unserer Gesellschaft weit verbreitet. Wissenschaftlich heißt diese Lösungsmethode Kognitive Dissonanz Reduktion (KDR) und der amerikanische Sozialpsychologe Leon Festinger hat sie experimentell nachgewiesen. Die Kognitive Dissonanz Reduktion gelingt entweder, indem die schwächeren Kognitionen geändert oder verdrängt werden, oder aber indem neue konsonante („wohlklingende") Kognitionen hinzukommen. [1]

1) Leon Festinger: *Theorie der kognitiven Dissonanz*, 1978.

Wir können das kurz machen. Auf dem Fischmarkt sagen wir dazu, sich etwas einreden. Das klassische Beispiel für eine KDR ist das Bild eines Rauchers. Eigentlich raucht er gern. Er und seine Zigaretten hatten schon viele schöne Momente im Leben. Überhaupt, die Zigarette entspannt ihn. Bloß, dass es halt gesundheitsschädlich ist, das nervt den Raucher wirklich. Er weiß das ja, das müssen ihm nicht seine Frau, seine Kinder und sein Arzt regelmäßig erzählen. Wie soll er jetzt mit diesem Kampf zwischen Intellekt und Gefühlen umgehen? Natürlich, es wäre am besten, ganz aufzuhören. Aber so einfach ist das nicht. Deshalb greift der Raucher zu einer auch in Religion und Politik beliebten KDR-Strategie. Er verändert nicht sein Handeln, sondern lediglich, wie er über das Sujet denkt. Beim Thema Rauchen kann er beispielsweise die Gefahren relativieren: „Es ist ja noch nichts eindeutig bewiesen." Er kann die Gefahren des Rauchens vielleicht sogar kurzzeitig ganz verdrängen oder er kann positive Gedanken über das Rauchen hinzufügen: „Opa hat auch geraucht und ist 92 geworden." Wir sind uns sicherlich einig, das kann nicht funktionieren. Zwar fühlt sich unser Raucher nun eine kurze Zeit lang besser, das eigentliche Problem aber, nämlich die gesundheitsschädlichen Folgen des Rauchens, bleibt trotzdem bestehen. Er hat es nicht verstanden, sich mit seinem Ziel, nämlich rauchfrei zu werden, vollständig zu identifizieren.

Die zweite Lösungsmethode, nämlich die, die funktioniert, ist: kommunikativen Erfolg herstellen, also Ziele und Identifikation in Einklang bringen. Genau das ist nämlich dringend notwendig, um eine dauerhafte Änderung seines Verhaltens zu bewirken. Wie der Raucher das schaffen kann, über die Entwicklung von Nahzielen und Fernzielen, habe ich in Kapitel 10 beschrieben. Nur der Vollständigkeit halber für diesen ganz speziellen Fall – auch wenn es hier ja nicht unser Thema ist: In Kapitel 18 erfahren Sie, welchen mächtigen Feind Sie noch besiegen müssen, um das Rauchen aufzugeben.

14

Stress-Stabilität

Manchmal wundert man sich, was manche Menschen wegstecken können. Wie die jahrelang ihre 16- oder 18-Stunden-Arbeitstage runterreißen können. Und manchmal scheint's denen noch gut dabei zu gehen. Wenn Sie das nicht können, ist es natürlich schlecht, wenn gerade Sie einen Chef haben, der mit vier Stunden Schlaf auskommt. So einen, der sagt, geschlafen wird eben Weihnachten wieder. Denen scheint Stress richtig gut zu tun. Und tatsächlich ist positiver Stress ganz okay für uns.

Akute und phasenweise Belastungen sind überraschenderweise gesund. Nur durch Anstrengung ist innere Befriedigung möglich. Was passiert bei Stress, außer dass wir anfangen zu schwitzen und nervös zu werden? In der ersten Alarmphase erweitern sich Bronchien und Pupillen, die Blutgefäße verengen sich, der Puls beschleunigt sich, die Sauerstoffversorgung wird verbessert, der Verdauungsapparat gedrosselt. Der Körper gibt große Mengen von Adrenalin und Cortisol frei. Wir haben nur noch ein Ziel vor Augen. Früher war das meistens: „Nichts wie weg hier!" Aber sobald der „Alarmzustand" vorbei ist, normalisiert sich der Hormonspiegel, ohne dass das negative Folgen für den Organismus hätte. Der Mediziner Hans Selye, einer der Urväter der Stressforschung, nannte diesen positiven Effekt „Eustress". Im Gegensatz zum Eustress geht es heute im Berufsleben aber vor allem um Dysstress, um den lang anhaltenden Druck, den Dauerfrust. Denn wenn der Druck länger anhält, gehen die evolutionären Vorteile des Stresses verloren. Und das ist heute die Regel: Weil wir im Büro oder in Meetings dem Stress nicht dauerhaft ausweichen können, werden Adrenalin und Cortisol nicht schnell genug abgebaut. Der Körper reagiert mit Widerstand: Bluthochdruck, Magen-Darm-Störungen oder Tinnitus. Folgt auch darauf keine Entspannung, können daraus schwere Erschöpfungszustände erwachsen – Burn-out und Depression inklusive.

Reicht das nicht? Bei Dauerstress wird viel zu viel Sauerstoff verbrannt. Als Folgeprodukt entstehen freie Radikale, die die Wände von Nerven- und Gehirnzellen angreifen können, das Immunsystem wird unterwandert, Infektionen wird Tür und Tor geöffnet. Einen weiteren Effekt bemerkt man selbst kaum. Die anderen schon: Die Denkleistung sinkt. In unserem Hirn sind verschiedene Verknüpfungsmuster gespeichert. Die einfachen, lebensrettenden, im unteren Hirnstamm, die komplexeren Denkprozesse – Empathie, Analysefähigkeit, Improvisationstalent – weiter oben im Frontalhirn. Unter Stress gerät das Oberstübchen in so starke Unruhe, dass der Bereich „wegen Überhitzung geschlossen wird", sagt Gerald Hüther, Neurobiologe an der Universität Göttingen. Der psychische Druck „legt sich dann wie ein Ölfilm über die sonst sprudelnde Quelle unseres Geistes". Folge: Das Gehirn verkürzt drastisch die Informationsmenge, die es verarbeitet, und greift auf primitive Urprogramme zurück. [1]

Bei Dauerstress – das kennen Sie von der Autobahn – degeneriert der hochentwickelte Homo sapiens, die Krone der Schöpfung, zum Neandertaler. Wenn wir uns oder unsere Mitarbeiter diesem Dysstress aussetzen, verbrennen wir das wichtigste Kapital, das wir im Unternehmen haben, das Humankapital. Machen Sie das nicht mit sich und anderen.

Und noch etwas ist wichtig zu wissen: Nicht alle Menschen reagieren unter Druck gleich. Studien zeigen, dass die Gene bis zu 30 Prozent Einfluss darauf nehmen, wie wir uns bei seelischen Belastungen verhalten. Es gibt eine Langzeitstudie von Nathan Fox, Psychologieprofessor an der Universität von Maryland. In der hat er festgestellt, dass schon zwei Tage alte Babys unterschiedliche Reaktionen zeigen, wenn man ihnen kurz den Schnuller wegnimmt. Schreien, als wäre der Teufel hinter der armen Seele her, tun sie alle. Sofort. Laut. Aber einige beruhigen sich auch schnell

---

1) handelsblatt.com/karriere/nachrichten/volkskrankheit-stress-und-kein-ende-seite-4/2788788-4.html.

wieder. Fox beobachtete seine Probanden bis ins Erwachse-
nenleben und stellte fest: Wer als Säugling belastbarer war,
blieb es auch im Alter. Und was ist mit den übrigen 70 Prozent? Der übergroße Anteil daran, wie wir mit Stress umgehen, ist gelernt. Und da haben die meisten von uns keine
guten Lehrer gehabt. Werden Kinder von ihren Eltern oder
in der Schule über längere Zeit überfordert und fehlen Erfolgserlebnisse, reagieren viele später auf Druck nicht mit
Leistungswillen, sondern sie resignieren. „Wie einer mit
Stress umgeht, ist zu 70 Prozent gelernt", sagt uns der Schweizer Psychologe Manfred Schedlowski. [2]

Die Gegenstrategie: Durchbrechen Sie eingefahrene Denk-
muster à la „Das schaffe ich sowieso nicht" oder „Ich muss
perfekt sein"! Dieses kognitive Stressmanagement hilft Ihnen, Herausforderungen als Chancen zu begreifen, Distanz
zu dem Ganzen zu gewinnen und Erwartungen besser zu
bewerten. Kern dieses Ansatzes ist es, persönliche Einstellungen und Bewertungen konstruktiv zu verändern. Das
heißt im Klartext, dass bereits eine Erleichterung eintritt,
wenn der von Stress und Burn-out geplagte Mensch
lernt, die täglichen Anforderungen anders zu sehen. Übrigens: Insbesondere eine bestimmte
Grundhaltung bietet immer wieder Anlass zur
Stressentwicklung: Perfektionismus. Zwanghafter
Ehrgeiz treibt den Menschen dazu, an den eigenen körperlichen und psychischen Ressourcen sowie an denen der

---

2) handelsblatt.com/karriere/nachrichten/volkskrankheit-stress-und-kein-ende-
seite-7/2788788-7.html.

anderen Raubbau zu betreiben. Wer nicht perfekt ist, ist automatisch ein Verlierer. Erinnern Sie sich an diese Zeit?

Zusammenfassung

Bei der Somatisierung werden der Beziehungskonflikt mit der beruflichen oder privaten Autorität und die mit ihm einhergehenden Leidenschaften wie Hass, Wut und Aggression in ein körperliches Leiden verwandelt. Die Somatisierung dient bevorzugt der Maskierung von Konflikten im Arbeitsleben. Ihr Vorkommen ist nicht auf Unternehmen mit autoritären Strukturen begrenzt, doch treten sie hier besonders häufig auf. Lösungsmuster wie die Kognitive Dissonanz Reduktion oder das Entwickeln einer besonderen Stress-Stabilität sind nicht zielführend oder aufgrund genetischer Disposition gar nicht möglich. Ein hoher Stressauslöser ist das Streben nach Perfektion.

15

Die Tschakka-Methode und der marketingorientierte Charakter

Jetzt ist hier so viel von Grundbedürfnissen, Frustration, Dissonanz und unerträglichen psychischen Zuständen die Rede, dass sich der eine oder andere von Ihnen – vielleicht ist es ja auch nicht Ihr erstes „Motivationsbuch" – fragen mag, ob er hier im Sozialpsychologie-Seminar gelandet ist. Früher, da war das doch noch anders: In den 80er-Jahren gab es noch viele Motivationskollegen, die sind mit grellbuntem Schlips und Gel in den Haaren über Bühnen gerannt und haben gerufen: „Du kannst alles schaffen in deinem Leben, wenn du es nur willst. Du musst es ehrlich wollen. Tschakka!" Und alle anderen, die viel Geld für das Seminar bezahlt hatten, mussten auch Tschakka! rufen. Und hinterfragen musste sich keiner so richtig. Hauptsache: Tschakka! Tschakka! Du schaffst es. Ob das was gebracht hat? Ein Blick auf die Gallup-Studie macht unmissverständlich klar, dass dieser Ansatz, dieses Aufpumpen ohne Hintergrund, absolut gescheitert ist. Denn natürlich sind die Mitarbeiter nicht blöd. Die merken ja, da werden sie schon wieder zum Motivieren geschickt, schon wieder wird ein neues Konzept ausprobiert. Und die denken sich: „Der Chef scheint nicht wirklich zufrieden mit mir zu sein." Nee, eigentlich denken die: „Der Arsch hält mich wohl für blöd!" Und damit hat der Mitarbeiter in den meisten Fällen auch recht. Der Chef denkt das. Wer auf extrinsische Motivationskonzepte gesetzt hat, der hat ja auch ein negatives Bild von seinen Mitarbeitern. Der denkt, dass die Mitarbeiter gar nicht bereit sind, von sich aus ihr volles Leistungspotenzial abzurufen. Und so was spüren die Menschen. Da fühlen sie sich zu Recht manipuliert und geraten umso eher in die innere Kündigung.

Kollege Aale-Dieter würde wohl sagen. „Wat'n Schiet!" Man musste noch besser werden, noch erfolgreicher, man sollte noch mehr arbeiten. Was man da über die Jahre gezüchtet hat, das sind echte Maniker. Erfolgsmaniker, die keine Freizeit, keine Familie mehr kennen und die eines Tages ihre eigenen Kinder nicht mehr erkennen. Falls Sie diese Art der Motivation suchen, die kommt nicht mehr. Nicht mehr in diesem Buch und auch nicht mehr im Programm von seriösen Trainern. Rainer Funk beschreibt die so herangezüchteten Effektivitätsmonster in Übereinstimmung mit seinem Mentor, dem berühmten Erich Fromm, einem Vorreiter der empirischen Sozialpsychologie, als marketingorientierte Charaktere. Dass es überhaupt zur Ausbildung eines Persönlichkeitstyps gekommen ist, den man „Marketing-Charakter" nennen kann, hat mit der kompletten Neu-organisation des Wirtschaftens und der Produktionsweise zu tun. Wichtigstes Merkmal der Marktwirtschaft ist inzwischen ein verändertes Verständnis vom Markt und von dem, was auf dem Markt geschieht. Der Markt bestimmt sich heute ja nicht mehr dadurch, was die Menschen für ihren Lebensunterhalt und zum Vollzug eines sinnerfüllten Lebens tatsächlich brauchen, sondern dadurch, ob sich etwas verkaufen lässt. Entscheidend ist, ob man etwas zur Ware machen und eine Nachfrage beim Konsumenten erzeugen kann. Diese Logik, alles an der Verkäuflichkeit – also am Marketing – zu messen, hat vor dem Menschen nicht haltgemacht. Wir haben das ja schon gelernt: Auch der Mensch, das heißt seine Persönlichkeit, wird immer mehr zur Ware; auch er muss sich verkaufen und gut ankommen. Und genau da haben die Tschakka-Freaks angesetzt. Effizienz, immer besser werden et cetera bla bla. Welche Auswirkungen das auf die Psyche des Individuums und auf den Charakter der Gesellschaft hatte, war egal.

Die anonyme Autorität des Marktes, dem man sich anpassen muss, wandelt sich permanent. Und das ist etwas, was wir meist sehr schlecht wegstecken können. Jede Art von Bindung, mit der man Sicherheit und Geborgenheit, Orientierung und Halt finden wollte, ist für marktgerechtes Verhalten nur hinderlich. Vom Marketing-Orientierten wird im Gegenteil gerade die Fähigkeit verlangt, sich von seinen Grundmotivationen zu distanzieren und nur in einer oberflächlichen, jederzeit veränderbaren Weise auf den Markt bezogen zu sein. Die Herrschaft des anonymen Marktes über das Individuum ist eine Herrschaft des Marketing-Prinzips, des Sich-Verkaufens und des Gut-Ankommens, des Erfolgreich-Seins. Im Dienste dieser Marketing-Orientierung stehen Charakterzüge wie Anpassungsfähigkeit, Offenheit, Flexibilität, Mobilität, Ungebundenheit, Durchsetzungsvermögen, Selbstbewusstsein und so weiter.

Diese Orientierung des Marketing-Charakters wird vor allem beim Umgang mit sich und mit anderen Menschen deutlich. Dieser Umgang ist nämlich auch immer am Marketing orientiert. Es geht immer um die Frage, wie er oder sie beim anderen, im Betrieb, in der Abteilung, beim Ehepartner, bei den Kindern, bei den Nachbarn am besten ankommt. In Wirklichkeit gibt es aber keine tiefer gehenden Gefühle oder gar ein Interesse am anderen um seiner oder ihrer selbst willen. Die Umwelt wird nur unter dem Aspekt des eigenen Erfolgs, Nutzens, Vorteils wahrgenommen. Das ist an sich schon schlimm genug. Aber es geht ja noch weiter beim Umgang des Marketing-Orientierten mit sich selbst. Denn Ziel des Umgangs mit sich selbst ist dann, keine eigene und unverwechselbare Identität mehr zu spüren, sondern in wechselnden Situationen und je nachdem, was gerade ankommt, die jeweils passende und geforderte Persönlichkeitsrolle zur Darstellung zu bringen. Entsprechend ist das meist unbewusste Selbsterleben des Marketing-Orientierten durch innere Leere, durch Langeweile und einen Selbstverlust gekennzeichnet, bei dem man sich in Wirklichkeit nur noch als das wahrnimmt, was die anderen aus einem machen. Da ist nichts mehr authentisch. Diese Menschen sind arme Spinner. Viele führende Protagonisten der „Du musst besser werden"-Ära wie zum Beispiel der bekannte „Zeitmanagement-Papst" Prof. Dr. Seiwert schreiben inzwischen lieber über Work-Life-Balance. Und darum geht es ja auch bei aller Motivation. Arbeit und Privatleben in Gleichklang bringen. Sich nicht zur Arbeit quälen müssen, sondern dort genauso glücklich und ausgefüllt sein wie hoffentlich im Privatleben. Ich werfe fünf Euro ins Phrasenschwein, aber wir müssen aufhören zu versuchen, dem Leben mehr Jahre zu geben, wir müssen den Jahren mehr Leben geben. Das ist wahres Glück. Und daran arbeiten wir.

Zusammenfassung

Dass es andere, bessere Methoden gibt, um Erfolg zu haben, dass Sie für beruflichen und privaten Erfolg eben kein Funk'scher Marketing-Charakter sein müssen, ist genau das, was ich Ihnen mit den Geschichten in diesem Buch zeigen möchte. Und es ist das, was ich auf dem Fischmarkt gelernt habe. Extrinsische Motivationsstrategien, wie sie noch vor wenigen Jahren an der Tagesordnung waren – plakativ Tschakka-Methoden genannt – setzen ein negatives Bild der Mitarbeiter voraus und führen mittelfristig zu Demotivation. Sie sind im Sinne des kommunikativen Erfolgs abzulehnen. Das von innen oder außen vorangetriebene Ausbilden einer an die Bedürfnisse des Marktes angepassten hocheffizienten Persönlichkeit, des sogenannten marketingorientierten Charakters, ist ungesund und unnötig.

Dass es bessere Wege zu privatem und beruflichen Erfolg gibt, werden die nächsten Kapitel zeigen. Sie müssen sich dazu nicht in ein Effektivitätsmonster verwandeln.

16

Der Pike Place Fish Market

Es gibt einen Fischmarkt, der ist noch ein kleines bisschen bekannter als der Hamburger Fischmarkt. Das ist der Pike Place Market in Seattle. Da gibt's einen Fischverkaufsstand. Die Fischverkäufer auf dem Pike Place Market sind so berühmt, dass sie schon in acht amerikanischen Fernsehserien mitgespielt haben, unter anderem sogar gezeichnet bei den Simpsons.

Seattle ist eine Stadt im Nordwesten Amerikas. Ein Beiname dieser 700.000-Einwohner-Stadt ist „Rain City", wegen der vielen wolkenreichen und regnerischen Tage im Jahr. Was sie irgendwie schon mit „Hamburch, meiner Perle" verbindet. Hamburg allerdings wurde nicht nach einem Indianerhäuptling benannt. Der Hafen von Seattle – am östlichen Pazifik – ist ein bedeutender Handelsknotenpunkt für den Handel mit Asien, Alaska und Hawaii. Fisch hat hier schon immer eine große Rolle gespielt. Und da gibt es nun einen „Farmers' Market". So nennen die da eben ihre Markthallen. Und da finden Sie den Pike-Place-Fischmarkt. Also dieser Fischmarkt ist nur ein Stand von vielen in dieser Markthalle. Aber einer der bekanntesten. Vielleicht der bekannteste der Welt. Beim Pike Place Fish Market geht es lauter zu als bei einer Messerstecherei auf einem italienischen Gemüsemarkt. Die Verkäufer, alles eher handfeste junge Burschen, genießen ihren Auftritt. Die machen Show. Die rennen schon mal mit einem großen Oktopus hinter einer Kundin oder einer Passantin her. Die macht natürlich mit, rennt schreiend weg. Touristen stehen in Gruppen rum. Filmen. Alle haben gute Laune. Warten auf die Spezialität des Teams, nämlich das Werfen der Fische. Und es wird weit geworfen. Und wer Glück hat, der darf mal hinter den Stand und sich auch im Fischefangen versuchen. Wenn man diesen Fischverkäufern bei der Arbeit zusieht, ist der erste Gedanke, den man hat: Die haben Spaß bei ihrer Arbeit. Der zweite Gedanke: Was nehmen die wohl, dass sie immer so gut drauf sind? Der dritte Gedanke: Was verdienen die wohl, wenn sie so bekannt sind? Richtig viel ist es nicht. Es sind immer noch angestellte Fischverkäufer und die verdienen für Fischverkäufer zwar ganz gut, aber immer noch unterdurchschnittlich. Drogen wurden ebenfalls noch nicht gefunden. Dafür ernähren sich die Jungs von viel frischem Fisch und Kaffee. Das ist kein Wunder, der erste Starbucks-Laden der Welt findet sich gleich gegenüber.

Diese Typen am Stand sind jedenfalls so irre, dagegen ist manche Show vom Hamburger Fischmarkt ein Nachmittagstee im Seniorentreff der Arbeiterwohlfahrt. Und für ihre Show müssen sie hochmotiviert sein. Dabei sind das amerikanische Arbeitnehmer mit zehn Tagen Urlaub im Jahr. Wer krank wird, fliegt raus und gearbeitet wird zehn bis zwölf Stunden am Tag. Reichtümer sind nicht zu holen. Und trotzdem sind die immer mit Feuer dabei. Wie geht das?

Die Verkäufer am Pike-Place-Fischmarkt haben sich eine mächtige Philosophie geschaffen. Gegründet wurde der Markt 1907 an der Ecke Pike Street und Pike Place. Der Chef, John Yokoyama, hat den Laden, bei dem er bis dahin angestellt war, 1965 für 3.500 Dollar gekauft und, ehrlich gesagt, richtig rund lief das nicht. Immer knapp an der Pleite lang. Immer gerade so viel, dass am Ende noch genug für die Raten fürs Auto übrig blieb. Großhandel hat er dann auf Anraten eines Mitarbeiters auch versucht, aber auch das ist nicht so gelaufen, wie es sollte. Im Gegenteil: Jetzt – es war 1986 – wurde es finanziell richtig eng. Die Pleite drohte.

Und dann ist etwas ins Spiel gekommen, was Männern meistens richtig guttut. Nämlich eine Frau. Genauer gesagt die Frau von Yokoyama. Denn die hat natürlich gemerkt, dass der Laden nicht lief und dass es ihrem John dementsprechend dreckig ging. Im Fitnessstudio hat sie sich dann bei einer Freundin, wie man so sagt, den Kummer von der Seele geredet. Schön gejammert wird sie haben. Diese Freundin war Karen Bergquist. Und der Ehemann von Karen Bergquist war Jim Bergquist, der Gründer von bizFutures, einem Business-Coach-Unternehmen. Eigentlich war ein

Coach für John viel zu teuer. Aber die Frauen hatten schon beschlossen, dass Jim sich der Sache annehmen sollte. Die beiden, John und Jim, haben dann miteinander gesprochen und John, kurz vor der Pleite, wusste natürlich, dass er ein Coaching von Bergquist nicht bezahlen konnte. Aber dem saß natürlich seine Frau Karen im Nacken und so schlug er vor, zunächst für drei Monate auf Probe zu arbeiten: „Und wenn ich nach drei Monaten die Kohle, die ich koste, nicht längst rausgeholt habe, plus noch ein bisschen Speck obendrauf, brauchst du mir gar nichts zahlen", lautete die Vereinbarung. Gut, vielleicht nicht im Wortlaut. Aber sinngemäß. Die Männer waren sich jedenfalls einig. Bergquist fing an, die Fischverkäufer zu coachen. Die Vereinbarung hat sich wohl für beide Parteien ausgezahlt. Bergquist ist heute noch der Berater des Pike-Place-Fischmarkts.

In den 14-tägigen Teamsitzungen, die Bergquist einberief, forderte er John und seine Mitarbeiter auf, sich Ziele zu setzen. Die sollten dabei ruhig mal in ganz großen Kategorien denken. „Dann lasst uns weltberühmt werden", schlug ein Mitarbeiter spontan vor. Die Grundlage für den Aufstieg des Fischmarkts war die Idee, ab sofort „der weltberühmteste Fischmarkt zu sein". Aber was soll das überhaupt bedeuten, weltberühmt zu sein? Offenbar beschäftigte Yokoyama damals keine Mercedes-Typen (wir werden aber später sehen, dass er selbst sehr wohl zu dieser Kategorie gehört). Jedenfalls sagte keiner: Vergesst das schnell wieder, wir sind doch nur eine kleine Fisch-Klitsche. Und wenn es einer gesagt hat, dann ist es zu Recht nicht überliefert.

Trotzdem musste das Ziel, die gemeinsame Vision, weltberühmt zu werden, erst mal heruntergebrochen werden, um mehr als blöder Quatsch zu sein. Das Team arbeitete also gemeinsam mit Bergquist heraus, was es unter dem Begriff überhaupt verstand. „Wir wollten für jede Person, mit der wir in Kontakt treten, einen Unterschied bewirken – einen weltberühmten Unterschied", beschrieb Yokoyama die Situation selbst. Diese Jungs verwandelten also mit ihrer gemeinsamen Vision „Pike Place Fish" in „World Famous Pike Place Fish". [1] Ist das nicht großartig? Das haben sie sich selber ausgedacht. Da kam keine Dienstanweisung. Ein paar Jungs wollten ihren Laden retten, haben sich Gedanken gemacht und dann diese Gedanken in die Realität umgesetzt. Sie wollten berühmt werden, dafür berühmt werden, dass sie großartig mit Menschen umgehen – einfach so, ganz umsonst. Nur zum Spaß sozusagen. Dieses Ziel war die Basis, auf der John Yokoyama und seine Mitarbeiter zusammen mit Jim Bergquist Prinzipien ausgearbeitet haben, nach denen sie von diesem Zeitpunkt an bis heute konsequent arbeiten und die genau wie Pike Place Fish inzwischen weltberühmt sind.

Zusammenfassung

Der Pike-Place-Fischmarkt ist ein Fischverkaufsstand. Die Arbeit ist körperlich hart sowie angemessen, aber nicht

---

1) John Yokoyama und Joseph Michelli: *Wenn Fische fliegen lernen*, München 2005 (engl.: Originalausgabe: *When Fish Fly*, New York 2004).

übermäßig gut bezahlt. Im Mittelpunkt steht die haptisch und olfaktorisch eher unangenehme Ware toter Fisch. Dennoch sind die Mitarbeiter extrem motiviert. Sie haben sich aus einer Krisensituation heraus – zusammen mit der Unternehmensführung – persönliche Ziele und Unternehmensziele gesetzt. Die Vision lautete, „weltberühmt" zu werden. Sie haben es geschafft. Das muss für jeden Unternehmer und für jede Führungskraft eine beständige Quelle der Inspiration sein. Es zeigt auch, dass kein Ziel zu groß oder zu versponnen ist, um es nicht durch die Anwendung der Prinzipien, die hier entwickelt worden sind, erreichen zu können.

17

Die Bergquist-Methode

Bergquist hat gemeinsam mit den Mitarbeitern des inzwischen „World Famous Pike Place Fish Market" die Philosophie geschaffen, mit den Menschen zu spielen, Arbeit als Spiel zu sehen. Denn Spiel heißt, etwas mit Begeisterung und mit Hingabe zu tun. Und es heißt vor allem, präsent zu sein. Beobachten Sie mal ein spielendes Kind, wie es ganz in seiner eigenen Welt aufgeht und wie es ganz bei sich ist. Dann verstehen Sie, was Hingabe wirklich bedeutet. Wenn Sie sich Videos vom Pike-Place-Fischmarkt anschauen, wenn Sie sich einen Fischverkäufer in Hamburg anschauen, werden Sie vor allem eines merken: Wenn die einen oder eine an der Angel haben, dann lassen sie nicht mehr los. Da geht kein Handy während des Beratungsgesprächs. Da gibt es keine Ablenkung. Da ist dann einzig dieser Kunde dran. Und dem wird die gesamte Aufmerksamkeit und

Wertschätzung geschenkt. Anderen eine Freude bereiten, Spaß machen, den Kunden zum Lachen bringen … Das sind so die Dinge, die die Jungs auf dem Fischmarkt perfektioniert haben.

Sie wissen das auch: Wenn Sie im Verkaufsgespräch jemanden zum Lachen gebracht haben, können Sie die Provision fast schon ausgeben. Der Abschluss ist perfekt, weil es dann auf der Beziehungsebene zwischen Ihnen und dem Kunden stimmt.

Das Nächste ist, die eigene Einstellung zu wählen. Die Jungs am Pike-Place-Fischmarkt, die haben sich 1986 vorgenommen, weltberühmt zu werden. Das haben sie sich 1986 im Gespräch mit Bergquist als Ziel gesetzt. Yokoyama: „Wir hatten uns vorgenommen, weltberühmt zu werden. Wir haben es uns vorgenommen und es ist passiert." Also die haben sich ein Ziel gesucht, eines, mit dem sich alle dort identifizieren konnten: weltberühmt zu werden. Und „einen Unterschied zu bewirken" im Leben all der Leute, die den Stand betreten. Die haben sich gesagt, dass sie als kleine Fischverkäufer im Leben all der vielen kreativen Menschen, die dort durch die Stadt laufen, einen weltberühmten Unterschied bewirken wollten. Das ist ihr Schlüsselwort. Das haben die sich auf die Fahne geschrieben. Und dabei zeigen sie anderen – wie uns jetzt zum Beispiel – noch, was man durch „Empowerment" der Angestellten bewirken kann. Die eigene Einstellung wählen! Das ist etwas, was man nicht einmal eines schönen Tages in einem Team-Meeting beschließt, und dann sitzt das.

An jedem Morgen, in jeder Begegnung mit anderen Menschen, können Sie Ihre Einstellung neu wählen. Ich muss wählen, John Yokoyama muss wählen. Sie müssen wählen. An Johns Marktstand hätte sich nie etwas geändert, wenn er sich nicht zuerst selbst geändert hätte. Er glaubte, dass nur harte Arbeit und bewährte Methoden zum Erfolg führen. „Mein Burn-out, meine Unbeweglichkeit und negative Einstellung verhinderten, dass sich etwas besserte. Erst als ich mich selbst neu definiert hatte, konnte eine neue Vision entstehen und einen Unterschied bewirken". [1] Das sagt er selbst.

Zusammenfassung

Die Bergquist-Methode besteht aus der Übernahme und Umsetzung von vier einfachen Prinzipien:

1. Arbeit als Spiel
2. Freude bereiten
3. Präsent sein
4. Die eigene Einstellung wählen

Diese Prinzipien können in jedem Unternehmen, von der Führungskraft initiiert, sofort umgesetzt werden und können Wege zu einer dauerhaft hohen Motivation der Mitarbeiter sein. Sie können aber auch von jedem Mitarbeiter

---

[1) John Yokoyama und Joseph Michelli: *Wenn Fische fliegen lernen*, München 2005 (engl.: Originalausgabe: *When Fish Fly*, New York 2004).

selbst und für sich umgesetzt werden und dienen in hohem Maße der intrinsischen Eigenmotivation. Im Vordergrund steht dabei das Prinzip, die eigene Einstellung zu verändern.

18

Rituale: John Yokoyamas Morgenroutine

Wenn Sie es schaffen, dann schauen Sie sich die Sache mal live vor Ort an. Wenn es nicht klappt, ist es aber auch nicht so schlimm, denn ich habe dort einige Tage mitarbeiten dürfen, und ich erzähle Ihnen brühwarm weiter, was ich bei meinem Praktikum erlebt habe. Es war... überraschend. Am Vortag hatte ich mir diesen Stand aus der Entfernung angesehen und habe tatsächlich auch alles, was im Film gezeigt und in den Büchern beschrieben wird, so gesehen. Hin und her geworfene Fische, jubelnde Kunden. Und dann – man will sich ja weiterbilden – hab ich einen der Verkäufer gefragt, ob ich mal mitarbeiten darf. Ja, haben die gesagt, sei am nächsten Morgen um 6:00 Uhr da. Gut, ich war erst um 6:30 Uhr da, weil... peinlich, peinlich... ich wegen dem Jetlag ein bisschen verschlafen hatte.

Dafür hab ich dann auch gleich mal einen Einlauf gekriegt. Aber noch mit Augenzwinkern, der Chef war nämlich noch nicht da und deshalb war alles gut. Dann kam Boss Yokoyama! Und ich dachte, als Gast aus dem fernen Deutschland würde ich jetzt gleich herzlich begrüßt werden. Aber der sagte gar nichts und stoffelte an mir vorbei. Kein Guten Morgen zu mir oder zu irgendeinem Mitarbeiter. Bis er anfing, seine Mitarbeiter regelrecht anzupöbeln.

Nix mit Freude machen. Der hat erst mal seinen Stand inspiziert. Der hat zu keinem was Nettes gesagt. Der hat stattdessen Sachen gesagt wie: „Die Preisschilder hier müssen alle neu gemacht werden, die sind verschmiert. Die Ware werden wir heute nicht wegkriegen, macht die mal um 20 Prozent billiger und macht dafür ein bisschen was von den Shrimps drauf. Die Shrimps müsst ihr besser präsentieren. Alles noch mal runternehmen, neu Eis drauf, dann wieder die Shrimps drauf." Widerworte wurden nicht akzeptiert. Über dem Stand hing an dem Tag ein Plakat für das lokale American Football Team. Er dann wieder: „Hey, wir haben gestern verloren, reiß das Plakat runter!" Noch dreimal ist der um den Stand rumgelaufen und hat immer noch irgendwas zum Pöbeln gefunden. Eine Dreiviertelstunde dauerte das.

Und vor meinem inneren Auge erschien ein Buch mit dem Titel „Hein Hansen: Die Wahrheit über den Pike-Place-Fischmarkt". *Spiegel*-Bestsellerliste. Ich, Hein Hansen, reiße dem größten Motivationsbetrug der jüngeren Geschichte die Maske vom betrügerischen Antlitz. Denn von Motivation war da nichts, aber auch gar nichts zu spüren.

Mein Stabsunteroffizier beim Bund war motivierender. Dieser Yokoyama hat seine Leute richtig rundgemacht. Erst in der Nachbetrachtung ist mir aufgefallen, dass ich keinen einzigen deswegen überraschten Mitarbeiter gesehen hatte. Und in der Nachbetrachtung ist mir auch aufgefallen, dass es sich hierbei um ein klassisches Morgenritual handelte.

Denn irgendwann war dann wohl alles so in Ordnung, wie er sich das vorstellte. Zum Stand kamen dann die ersten Touristengruppen und zu mir kam jetzt doch John Yokoyama. Und der war auf einmal ganz anders als bei seiner frühmorgendlichen Inspektionsrunde. Irgendwie viel amerikanischer. Ach Gott, wie bin ich geherzt worden, you know. Great! Und vor allem wurde mir zugestanden, dass mir jede Frage beantwortet wird. Und ich – den Bruder packe ich mir – vorlaut: „Was ist denn hier gerade passiert? Ich hab nichts gesehen, was in den Büchern stand, die es bisher zu dem Thema gibt, oder in dem Film, der um die Welt ging! Ich habe was ganz anderes gesehen." Und er sagte dann: „Pass auf, wir verkaufen hier leicht verderbliche Ware. Lebensmittel! Und ich kann noch so viel Freude und Motivation und motivierende Rituale in diesem Betrieb haben: Wenn ich auch nur einen Fisch verkaufe, der nicht gut ist, wenn die Ware nur einmal nicht stimmt, dann ist der Laden dicht." Yokoyama weiter: „Am Morgen verstehe ich keinen Spaß. Da gibt es ein festes Ritual und dieses Ritual heißt: die Grundlagen schaffen für Motivation. Und diese Grundlagen sind Ordnung, Zahlen Daten, Fakten. Da wird beschrieben, wie viel verkauft werden muss, damit der Tag am Ende als Erfolg verrechnet werden kann, und was jeder Einzelne dafür an diesem Tag zu tun hat." Und er fügt an: „Wir verkaufen hier Fisch. Und die Basis eines jeden geschäftlichen Erfolgs sind Qualität, Sauberkeit und Ordnung."

Tatsächlich schafft Yokoyama erst durch dieses Ritual die Basis, auf der er und seine Mitarbeiter ihre Prinzipien verwirklichen können. Denn das Ziel ist es immer noch, wirtschaftlichen Erfolg mit dem Verkauf von Fisch zu haben. Das ist sein Versprechen an seine Mitarbeiter: für die kreativen Menschen, die für ihn arbeiten, die Voraussetzungen zu schaffen, einen weltberühmten Unterschied zu bewirken – füreinander, für die Kunden, für den Markt und darüber hinaus. Tatsache ist nämlich, dass wenn der Markt pleitegeht, weil er unwirtschaftlich arbeitet, keiner seiner Angestellten mehr einen Unterschied bewirken kann. Weil es dann keine Kunden mehr gibt. Weil es kein Geschäft mehr gibt. Zumindest nicht mehr den „World Famous Pike Place Fish Market". Yokoyama macht uns allen damit klar, dass für ihn all das kein Selbstzweck ist.

Ganz schön deutsch, oder? Aber John Yokoyama ist Japaner. Also Amerikaner mit japanischen Wurzeln. Und eins kann ich Ihnen sagen: 78 Prozent der Japaner sind eher Mercedes-Typen. Und deren Grundmotivation ist Selbstachtung. Penible Ordnung ist eines ihrer Merkmale. Im Extremfall sterben diese Menschen lieber, als vermeintlich ihr Gesicht zu verlieren. Bekanntestes Beispiel sind vielleicht die Kamikaze-Flieger: Die fliegen, wenn es sein muss, in den Flugzeugträger rein. Der Deutsche würde sagen: „Aber Herr General, dann bin ich ja tot." Der Japaner sagt: „Jawoll." Dann macht es bumm und dann ist Stille. Na gut, jetzt übertreibe ich vielleicht ein bisschen. Solche Idioten gab's bei uns ja auch. Was kein Wunder ist: In Deutschland ist das Grundmotiv Selbstachtung das zweithäufigste nach Sicherheit und Geborgenheit. Bei Amerikanern dagegen ist dieses Grundmotiv nahezu nicht vorhanden. Da sind Porsche- und SUV-Typ am stärksten verbreitet. Deshalb finden wir in den zahllosen Fisch-Büchern und Videos zu dem Thema nichts über das Ordnungsprinzip. Aber es gehört untrennbar zur Fisch-Philosophie. Und wir benötigen es, um die Philosophie zu verstehen und um sie zu übertragen.

John Yokoyama macht morgens das, was jede Führungskraft tun muss: nämlich in ihrem Bereich dafür sorgen, dass motivierendes und motiviertes Arbeiten überhaupt möglich ist. Dass es erst mal stimmt mit Sauberkeit und Ordnung. Dass jeder seine Ziele kennt. Dass die Ware vernünftig präsentiert wird. Dass die verkaufsfördernden Maßnahmen alle greifen. Und das ist richtige Handwerksarbeit. Nur ordentliche Vorbereitung und ein ordentliches Geschäftsprinzip sorgen dafür, dass nachher überhaupt Motivation entstehen kann. Deshalb sind diese harten Rituale zu Beginn einfach notwendig.

Als Chef schafft John diesen Rahmen und stellt auch die Rollenverteilung klar. Er begrüßt seine Mitarbeiter in dem Augenblick, wo er für sich festgestellt hat, jetzt bin ich zufrieden. Jetzt ist alles da, damit dieser Tag ein erfolgreicher Tag sein kann. Dann ändert er sein ganzes Wesen. In dem Augenblick, wo er nicht mehr den Fokus auf dem inneren Bereich hat – also auf „meinen Laden in Ordnung bringen" –, dreht er sich um zum Kunden und setzt ein anderes Gesicht auf: das Gesicht für den Kunden. Auch wenn er vorher ausgesehen hat wie ein aktiv Unengagierter, dem man um 17:00 Uhr am Freitag noch einen Termin reingedrückt hat: Jetzt strahlt und lächelt er. Und das ist die Wahrheit über den Pike Place Fish Market. Denn nach diesem Ritual geht es los. Die Jungs umarmen sich wie Footballspieler vor einem Angriff, rufen „Ayyeee" und dann haben die Leute Spaß.

Die koreanischen Touristen, die hier sind, kennen die Jungs schon aus dem Fernsehen. Jede vorbeikommende Blondine wird von Justin und Chat angeflirtet und hinter den Tresen gezogen. Beide Jungs kennen übrigens auch Deutschland, genauer gesagt München. Denn in München, auch wenn einen das als Hamburger Jung natürlich ärgert, war die Weltmeisterschaft im Fischweitwurf. Und natürlich haben sie gewonnen. Mit den deutschen Mädchen hat es nicht so geklappt. Denn sie riechen ein bisschen. Also nicht die Mädchen. Die Jungs. Nach Fisch. Und das ist auch kein Wunder. Denn der Fisch wird hier mit vollem Körpereinsatz verkauft.

Und so einen Fisch, den der Kollege aus vielleicht zehn Metern Entfernung wirft, den muss man erst mal fangen können. Ich sage Ihnen aus eigener Erfahrung, leicht ist das nicht. Und dann gibt es noch ihr vielleicht heimliches Markenzeichen. Den Monkfish. Zu Deutsch Seeteufel. Wenn Sie jetzt kein Bild vor Augen haben: Der Seeteufel ist ein ziemlich hässliches plattgedrücktes Biest mit einem großen Maul. Die größten Exemplare können an die zwei Meter lang und 50 Kilogramm schwer werden. Unserer hier ist zwar kleiner, aber genauso hässlich wie ein großes Exemplar. Der hängt an einem Seil. Das Seil wird unter dem Eis versteckt. Und unser Fisch hat ein Schild um den Hals. Da steht drauf: „Hallo, ich bin ein Seeteufel." Besonders fasziniert sind davon die Kinder. Da kommt immer irgendein Zehnjähriger. „Guck mal, Mutti, das ist ja ein lustiger Fisch!" Und der Job ist jetzt, an dem Seil zu ziehen – wupp, schnappt der Fisch am Seil hoch. Und – zack, ein zehnjähriger Bub erhält einen feuchten Kuss vom „Monkfish" und hat seine erste kognitive Dissonanz erfahren.

Am Pike-Place-Fischmarkt haben sie lauter so kleine Gags in den Stand eingebaut. Es gibt immer was zu lachen. Man sieht es an den Gesichtern der Kunden. Das ist nicht gespielt und das läuft auch, wenn keine Fernsehkamera da ist. Obwohl an jedem Tag Fernsehteams aus der ganzen Welt kommen und diesen Fischverkaufsstand filmen, der sich 1986 vorgenommen hat, weltberühmt zu werden. Es macht Spaß, mit diesen großartigen Jungs zu arbeiten.

Rituale als Führungsinstrument

Rituale schaffen Routinen. Sie können negativ wirken, wenn sie sinnentleert und erstarrt sind. Sie können aber auch ein sehr nützliches Instrument der Führung sein, das Motivation und Identität schafft. Und um solche Rituale oder Routinen zu etablieren, hilft uns die Biologie. Denn was passiert physiologisch mit uns, wenn wir für uns Rituale etablieren? Mein Kollege und guter Freund Dr. Stefan Frädrich beschreibt das in seinem Vortrag „Wir machen keine Erfahrungen – Erfahrungen machen uns"[1] sehr gut:

1) Dr. Stefan Frädrich: *Günter, der innere Schweinehund*, Gabal, 17. Auflage, 2011

Warum stehen wir so auf Routinen? Weil wir Menschen alles mögen, was einfach ist. Und Routinen machen es unserem Gehirn einfach. Unser Gehirn ist ein ziemlich komplizierter Apparat und wir steigen da jetzt auch nicht zu tief ein, nur so viel: Unser Gehirn ist aus Nervenzellen aufgebaut und diese Nervenzellen stehen mit ihren Nachbarzellen mal mehr, mal weniger eng in Verbindung. Unser Wissen, also alles das, was wir im Kopf haben, ist genau in diesen Verbindungen gespeichert. Die gibt es nämlich in verschiedenen Stärken. Ich sehe Sie jetzt schon mit dicken Fragezeichen in den Augen. Stefan Frädrich („Günter, der innere Schweinhund") beschreibt das so: Also stellen Sie sich vor, Sie haben Hunger. Sie gehen auf die Straße und da gibts eine neue Pizzeria an der Ecke. Was haben die auf der Karte? Aha, soso ... Nr. 36 und Nr. 37 hören sich doch lecker an. Sie zählen es an den Knöpfen ab und bestellen die Nr. 36. So toll ist die dann aber doch nicht, stellt sich heraus. Und im Gehirn bildet sich sofort eine Nervenbahn zurück. Die vom „Pizzanerv" zur Nr. 36 nämlich. Bei der nächsten Hungerattacke bestellen Sie also die Nr. 37. Und ... hmmm ... die ist lecker. Was passiert im Gehirn? Die Verbindung zur Nr. 37 wächst ein bisschen. Die Signalstärke auf der verbindenden Nervenbahn nimmt zu. Und beim nächsten Mal, Hunger hat man ja oft, bestellen Sie wieder die 37. Und wieder wächst die Verbindung. Und wenn Sie dann das nächste Mal wieder Appetit auf Pizza haben und der „Pizzanerv" aktiviert wird, dann fragt das Gehirn gar nicht mehr ab, sondern es hat bereits Pizza mit Nr. 37 verbunden. Jede Routine, die wir uns aneignen, äußert sich in unserem Kopf durch das Berühren oder das Nicht-Berühren von Nervenzellen.

Wir haben aber nicht nur den „Pizzanerv", den „Nr. 36-" und den „Nr.37-Nerv", sondern 100 Milliarden Nervenzellen. Und die können sich theoretisch alle miteinander vernetzen. Dadurch, dass wir tagtäglich Erfahrungen machen, wie beispielsweise die, dass die Nr. 36 doch nicht so lecker ist, lernt unser Gehirn, welche Verbindungen zusammengehören. Durch das, was wir tagtäglich tun, programmieren wir unser Gehirn. Und wenn jetzt irgendwo ein Reiz einschlägt, dann läuft dieser Reiz über die Nervenbahnen von einer verknüpften Zelle zur nächsten. Wir assoziieren. Wenn Sie beispielsweise das Wort „schwarz" hören, denken Sie „weiß". Und erzählen Sie nicht, Sie hätten jetzt „rot" gedacht. Sie hören das Wort „hoch" und Sie denken automatisch auch an „tief". Das könnte man jetzt noch ewig so weitermachen. Mann – Frau, trocken – nass. Aber dann stirbt man ja vor Langeweile und wir wollen ja auch mal weiterkommen. Diese Assoziationen sind Denkroutinen. Nun gehen die meisten Assoziationsketten aber über mehrere Stufen. Schwarz – weiß – Schnee – Skifahren – Spaß. Oder auch schwarz – weiß – Schnee – Skifahren – Kreuzbandriss. Je nachdem eben, welche Erfahrungen Sie gemacht haben und was Ihr Hirn dementsprechend gelernt und verknüpft hat.

Das hilft uns natürlich in einer komplexen Welt, indem es Denkvorgänge vereinfacht. Aber es kann auch zu einem echten Problem werden. Nehmen wir den Raucher, der aufhören will. Der hat abends die letzte Zigarette geraucht. Dann schläft er, steht auf. Und … na ja, geht ja noch. Alles ist gut, er fährt zur Arbeit. Viel Verkehr, da will er sich schon eine anzünden. Er hält noch durch. Trinkt seinen Kaffee und will wieder eine rauchen. Das Telefon klingelt, er will wieder eine rauchen. Abgesehen vom kurzen körperlichen Entzug hat der den Kopf nämlich voller Routinen, die mit dem Rauchen verknüpft sind; die jetzt aber einfach nicht mehr sinnvoll sind. Was hat Telefonieren denn mit Rauchen zu tun? Nichts, eigentlich. Aber dem Raucher sagt diese Situation: Los, zünd dir eine an. Das hat er nämlich immer gemacht. Und diese Verknüpfungen sind stark. Wenn der beispielsweise so Pi mal Daumen drei Tassen Kaffee am Tag im Büro getrunken hat und jedes Mal eine dazu gepafft hat, dann hat er diese Verbindung im Jahr über 1.000 Mal in seine Nervenbahnen gehämmert. Und der weiß gar nicht mehr, wie die Kollegen den Kaffee ohne Kippen runterbringen. Das hat er verlernt. Aber das Gute ist, und deshalb erzähle ich Ihnen das auch alles: Wir können auch gute Angewohnheiten einschleifen. Weil wir im Kopf ein Programm daraus machen. Eigentlich müssen wir gar nichts machen. Unser Gehirn verknüpft die gemachten Erfahrungen automatisch. Und das hat nichts mit „Du kannst, wenn du nur willst" zu tun, das sind Verknüpfungen von Nervenzellen. Das geht automatisch und ist nicht gut oder schlecht. Gut oder schlecht ist nur das, was wir verknüpfen: Und bei vielen ist das beispielsweise die Kette Montag – Arbeit – Langeweile – Frust! Es sollte aber sein: Montag – Arbeit – Herausforderung – Spaß!

Rituale im Unternehmen

Rituale im Unternehmen können durchaus negativ wirken, wenn sie sinnentleert und erstarrt sind. Wenn eine Führungskraft wirklich etwas erreichen und ihre Leute begeistern will, dann muss das Ritual bei den Mitarbeitern positive Assoziationen hervorrufen. So wie wir das am Pike-Place-Fischmarkt erleben: Erst das Ordnungsritual, danach das gemeinsame Einschwören auf den Tag – das gegenseitige Aufmuntern –, und danach wird der Kunde in den Spaß mit einbezogen und meine Kollegen aus dem Fischverkauf fangen an, ihre Fische zu schmeißen.

Ein befreundetes Trainer-Unternehmen, EduTrainment in Berlin, hat einen Tisch-Kicker im Büro. Wenn die merken, sie kommen hier mit einer Aufgabe nicht mehr so richtig voran, ruft der Chef: „Kicker-Turnier!" Und dann stellen die sich an ihren Kicker und kickern und haben erst mal ein bisschen Spaß und lachen. Und danach geht es wieder an die Arbeit. Das ist ein gutes Ritual. Das unglaublich viel freisetzt und Freude schafft. Inzwischen sind die Mitarbeiter auch selbst so weit, dass sie ihr Kicker-Ritual einberufen, wenn sie merken, dass sie sich festarbeiten und jetzt mal einen neuen Schub brauchen.

Apropos sinnentleert: Auch die klassischen Firmenevents wie die Verabschiedung von Mitarbeitern oder die allseits und überall beliebte Weihnachtsfeier sind Rituale. Aber – und das markieren sich jetzt alle Chefs – diese Rituale wirken sich nur dann positiv auf die Motivation des Einzelnen und der Belegschaft aus, wenn sie tatsächlich mit Liebe gestaltet werden. Nur wenn die Mitarbeiter merken, diese Feier ist ernst gemeint. Oft ist es doch so: Der klassische Chef kommt zu seiner Sekretärin und sagt: „Öhh, es ist bald Weihnachten. Wir müssen wieder eine Weihnachtsfeier produzieren." Natürlich wird das dann nicht gut. Wenn da nicht wirklich Freude und Ehrgeiz drinstecken und der Gedanke des Dankeschöns. Nötig ist dieses halbwegs aufrichtige „Ich will meinen Mitarbeitern wirklich von Herzen Danke sagen." Wenn das da ist, dann wird auch die Feier gut. Sie wird dann auch gut organisiert sein. Viel besser jedenfalls, als wenn man es nur tut, weil es eben so sein muss. Im anderen Fall verweise ich der Einfachheit halber auf das Kapitel „Die kognitive Dissonanz". Das muss ich ja jetzt nicht wiederholen.

Manchmal ist es besser, das Ding dann ausfallen zu lassen. Das können Sie ruhig mal machen. Machen Sie stattdessen, wenn es besser passt, etwas anderes mit Ihren Mitarbeitern. Rituale müssen nicht an einen bestimmten Zeitpunkt gebunden sein. Das Kicker-Ritual beispielsweise ist nicht auf einen bestimmten Zeitpunkt festgelegt. Es ist ein situationsbedingtes Ritual: Man merkt in einer bestimmten Situation, dass die Kreativität gerade am Ende ist. Man ist ausgepowert, in der Sackgasse. Und jetzt weiter mit Druck an die Sache ranzugehen wird höchstwahrscheinlich nicht funktionieren. Einer im Team muss das sehen, die Stopptaste drücken und ein spielerisches Ritual wie das Kickern einführen. Und dann wird gespielt. Und dann können alle wieder ran und haben auch wieder Lust und den Kopf frei.

Ein Ritual kann auch informell eingeführt werden. Als ich noch keinen Fisch verkauft habe, war ich in einer Firma angestellt, da haben sich die Führungskräfte jeden Morgen in der Kaffeeküche getroffen. Das erste Mal, weil wir alle die neue Espresso-Maschine bewundert haben. Da haben wir uns drum rumgestellt, die Maschine bewundert, Kaffee getrunken und miteinander geredet – nicht nur über Vertriebskennzahlen, ist klar. Aber dort ist auch unglaublich viel besprochen worden, was tatsächlich für die Firma relevant war und dem Einzelnen aus der Gruppe auch tatsächlich Stunden an Arbeit erspart hat. Der Informationsaustausch dort hat nämlich die spätere Informationsrecherche nach dem Eichhörnchenprinzip – hier ein Stück, dort ein Stück – weitgehend überflüssig gemacht, weil man von einem Kollegen aus erster Hand etwas erfahren hat. Später kam dann allerdings ein neuer kaufmännischer Leiter. Statt sich dazuzustellen, hat er mal gerechnet und gesagt: Passt mal auf, wenn ihr da morgens rumsteht, dann kostet das die Firma jeden Tag so und so viel Euro. Dann hat er die Stundenlöhne hochgerechnet, mal 210 Arbeitstage, und dann stand da am Ende eine Riesensumme. Das war das Ende dieses Rituals. Es wurde verboten. Nicht ohne Freude kann ich aber sagen, dass es auch der Anfang vom Ende dieses Unternehmens war. Natürlich war das Ritualverbot nicht die einzige Maßnahme, die das Unternehmen pleitegehen ließ, aber eine wesentliche. Denn später im Meeting-Raum, wo ganz andere nicht so positive Rituale vorherrschten, wurde nie wieder diese Informationsdichte erreicht wie bei dem morgendlichen freudigen „An-der-Kaffeemaschine-Stehen".

Ich gebe Ihnen noch ein Beispiel aus meiner Praxis: Ich habe Kücheneinbaugeräte-Verkäufer trainiert. Während alle Mitbewerber mit dem Mäppchen und den neuen Bildern von ihren Produkten samt der Preisliste zu ihren Kunden gegangen sind, sind diese 21 Außendienstler mit einer Dunstabzugshaube unter dem Arm zum Kunden rein. Oder wahlweise auch mal mit einem Herd vor der Brust. War eine verrückte Idee von denen. Und daraus haben wir ein Ritual gemacht: Einmal am Tag musste jeder Außendienstmitarbeiter eine Kochvorführung beim Kunden machen. Leute, die vorher noch nie in der Küche gestanden hatten, haben sich beim Kunden reingestellt und dem eine Schweineschulter mit Schwarte, fertig mariniert, fantastisch zubereitet. Wenn man das jeden Tag macht, wird man ja hoffentlich irgendwann auch richtig gut. Das war eine Vorgabe, die dann über Spaß und Freude ritualisiert wurde und die dafür gesorgt hat, dass in einem wirklich ruinösen Markt, in dem große Marken von Mitbewerbern in Deutschland den Bach runter gingen oder aufgekauft wurden, es eine kleine Firma mit verrücktem Außendienst und diesen Ritualen geschafft hat, Jahr für Jahr ihren Umsatz zu verdoppeln.

Dadurch, dass die Geschichte mit den Kochvorführungen so gut funktioniert hat, wurden sogar Produkte mit der Idee im Kopf entwickelt, dass der Außendienstler sie über ein spielerisches Ritual gut verkaufen kann. So ist ein Ceranfeld entstanden, auf dem man direkt grillen kann. Und das haben die Jungs dann gemacht. Käse gegrillt oder Thunfischsteaks – Fisch war schon immer meine Leidenschaft – direkt auf dem Ceranfeld. Können Sie sich vorstellen, was in einem

Möbelhaus passiert, in dem auf einmal Thunfisch auf dem Ceranfeld gegrillt wird? Das war ein magnetischer Anziehungspunkt für nahezu jeden Kunden, der in diesem Augenblick im Laden war.

Die einzige Angst, die beim Kunden zu lösen war, war die, wie man das Ding hinterher wieder sauber kriegt. Und jetzt gebe ich Ihnen sogar noch Haushaltstipps: Normales Reinigungsmittel und ein Glasschaber reichen – wenn Sie es sofort reinigen. Die Dinger wurden verkauft wie blöde. Und auch diese Kochvorführungen haben die 21 Außendienstler einmal am Tag gemacht. Der Kunde – um mal die andere Seite zu zeigen – hatte viel mehr Spaß beim Einkaufen. Die Absatzzahlen haben jedenfalls gestimmt.

In Amerika gibt es die riesige Handelskette Walmart. Die haben das Ritual, dass sich alle Mitarbeiter, kurz bevor sie morgens die Tür aufschließen, im Kreis zusammenstellen und sich die Arme um die Schultern legen, und dann schwört der Teamleiter die Kolleginnen und Kollegen auf den Tag ein. Und am Ende rufen alle Tschakka oder so was. Funktioniert in Amerika wunderbar. Walmart hat dann den ersten deutschen Markt im Ruhrgebiet aufgemacht und dort dasselbe probiert. Alle haben Tschakka gerufen. Die mussten das aus gruppendynamischen Prozessen heraus ja mitmachen. Danach haben sie sich umgedreht und haben sich gesagt: Die sind doch hier alle nicht ganz dicht. Das hat überhaupt nicht funktioniert. Das Ritual muss zu den Menschen passen und zu der Gruppe, die ich führe. Und es gibt eben Unterschiede – auch länderspezifische

Unterschiede –, die wir in der Motivationsdiagnostik ja schon besprochen haben. Der Punkt ist der: Man kann Alternativen finden. Total ausgeflippte zum Beispiel: Geben Sie morgens Ihren Mitarbeitern die Hand. Dieses sich morgens mal in die Augen schauen, sich anlächeln, das schafft eine andere Grundstimmung für den Tag. Und ist ebenfalls schon ein Ritual. Und nach diesen Ritualen kann man suchen. Ohne dass Sie zwanghaft etwas tun, was nicht zur Gruppe passt. Aber Sie können mit wirklichen Kleinigkeiten anfangen, den Unternehmensalltag zu verbessern.

Es ist wichtig zu wissen, dass mit Ritualen nicht immer große Mega-Events verbunden sind. Sie sind auch nichts Geheimnisvolles. Aber wenn Sie für sich nur die vier Bergquist-Prinzipien ritualisieren, so lange, bis Ihnen diese Prinzipien in Fleisch und Blut übergegangen sind und in Ihrem Kopf und in Ihrem Herzen fest etabliert und mit bestimmten – guten – Erfahrungen verbunden sind, dann sind Sie auf dem richtigen Weg.

Zusammenfassung

Rituale sind besondere Routinen im Unternehmen und im Leben des Einzelnen. Besonders im Unternehmen helfen sie zum einen, die Grundvoraussetzungen zur Umsetzung der Bergquist-Prinzipien zu schaffen, und zum anderen, die Prinzipien der Bergquist-Methode fest zu etablieren. Unternehmensrituale können formeller oder informeller Natur sein. Rituale im Unternehmen müssen bei den Mitarbeitern positive Assoziationen hervorrufen. Physiologische

Prozesse helfen uns dabei, Routinen und Rituale zu etablieren. Die Mitarbeiter müssen wie bei allen Bergquist-Prinzipien bereits in die Entwicklung der Unternehmensrituale eingebunden sein.

19

LoyaliTät dir gut

Betrachten Sie bitte vor allem den ersten Teil dieses Kapitels als flammendes Plädoyer für die in diesem Buch aufgezeigten Methoden zur Mitarbeiter- und zur Selbstmotivation: Es geht nämlich nicht um den blinden Gehorsam und das selbstlose Pflichtgefühl früherer Zeiten, als Vati mit „appen Arm" noch in den Kohlenschacht gefahren ist, sondern vielmehr um eine mündige, freiwillige Form der Loyalität.

Die Loyalität, die ich hier meine, ist für jedes Unternehmen wichtig. Beim Mitarbeiter und beim Kunden. Im Hinblick auf mehrere Aspekte. Auf den ersten Blick und wenn man bei Illoyalität nur an die vielen kleinen Lästerer denkt, die jede Gelegenheit nutzen, über den Chef herzuziehen, könnten Sie sich fragen, warum Ihnen diese Loyalität wichtig sein sollte. Lass den Typen doch reden. Kann mir doch egal sein, was der hinter meinem Rücken für einen Unsinn erzählt. Der macht seine Arbeit und bekommt dafür sein Geld. Mögen muss der mich ja nicht. Das zu denken ist ein schwerer Fehler. Loyalität ist nämlich etwas, was einem nur zufriedene Mitarbeiter entgegenbringen. Loyalität kann man sich nicht kaufen. Im Gegenzug ist sie aber auch unbezahlbar. Sie ist wie wahre Freundschaft: Man bekommt sie geschenkt. Was aber – wieder wie bei der wahren Freundschaft – nicht heißt, dass Sie nichts dafür tun müssen.

Umgekehrt – das haben Sie schon gemerkt – ist Illoyalität eine Eigenschaft, die Sie vor allem bei denjenigen Mitarbeitern finden, die bereits innerlich gekündigt haben. Über diese Gruppe habe ich mich ja bereits ausführlich ausgelassen und die Gallup GmbH hat Ihnen vorgerechnet, was diese Art Mitarbeiter im Jahr so kostet. Außerdem sind illoyale Mitarbeiter wechselbereite Mitarbeiter. Es war das eklatanteste Ergebnis des 2008er-Arbeitsklima-Barometers des IFAK Instituts aus Taunusstein: Die akute Wechselbereitschaft der wenig gebundenen Mitarbeiter ist drastisch gestiegen. 69 Prozent von ihnen bekundeten die Absicht, innerhalb der nächsten zwölf Monate zu wechseln. Im Vergleichszeitraum zwölf Monate zuvor waren es gerade mal 37 Prozent. Wissen Sie, was die Marktforscher als eigentlichen Verursacher der Misere ermittelt haben? Defizite in der Personalführung! So! Sind wir froh, dass die weg sind? Nein. Denn trotz aller Nachteile, die diese Kollegen mitbrachten, verursacht jeder Personalwechsel Wissens- und Leistungsschwund sowie hohe Kosten für das Finden und Einarbeiten der „Neuen". In einem Betrieb – der gehörte sogar zu einer börsennotierten Gruppe – haben die Mitarbeiter eine brandneue Maschine in die Mulde für den Elektroschrott geworfen. Da wusste im ganzen Haus nur ein Mitarbeiter, wofür diese Maschine ursprünglich mal bestellt worden war. Der Mitarbeiter war schneller weg, als der Auftrag im Haus war. Als der Auftrag da war, hatten die Kollegen die Maschine schon entsorgt.

Die Folgen der hohen Fluktuation zeigen sich nicht nur deshalb auch auf der Umsatzseite: Den betroffenen Unternehmen laufen einfach die Kunden weg. Menschen pflegen nämlich Beziehungen zu Menschen und nicht zu Unternehmen. Und wenn mein Key-Accounter zu einer anderen Firma wechselt, dann kann es gut sein, dass ich mitgehe. Vor allem also wenn Sie tatsächlich etwas verkaufen, Fische, Häuser, Versicherungen – egal: Da wo Kundenkontakt besteht, da wirkt sich Mitarbeiterfluktuation am gravierendsten aus. Wenn Aale-Dieter seine Selbstständigkeit verlöre und dann anfinge, bei einem anderen Stand zu verkaufen, was glauben Sie, wo seine Kunden hingehen würden? Zu seinem Nachfolger oder an den Stand, wo Aale-Dieter jetzt seine Show abzieht? Genau! Hat man doch selbst auch, dass man in einen bestimmten Laden nur geht, weil der Verkäufer oder die Verkäuferin nett ist.

In dem Fall sind die Kunden nämlich – und das wird im zweiten Teil dieses Kapitels noch immens wichtig – dem Mitarbeiter gegenüber treu. Nicht der Firma gegenüber. Umgekehrt nehmen Verkäufer natürlich gerne ihre Kunden mit, wenn sie das Unternehmen wechseln. Vor allem dann, wenn sie auf Abschlüsse Provision bekommen. Und was wirklich nervt, ist, wenn Sie als Kunde dem Verkäufer erklären müssen, wie der Hase läuft.

Damit Ihnen ein Mitarbeiter loyal gegenübersteht, muss er sich mit Ihren Zielen beziehungsweise den Unternehmenszielen, die Sie als Führungskraft transportieren, identifizieren. Per Definition ist Loyalität die auf gemeinsamen moralischen Maximen basierende und somit von einem Vernunftinteresse geleitete innere Verbundenheit und deren Ausdruck im Verhalten gegenüber einer Person, Gruppe oder Gemeinschaft. Schwere Kost. Wir machen das gleich leichter: Loyalität bedeutet, im Interesse eines gemeinsamen Zieles die Werte des anderen zu teilen und zu vertreten. Und vor allem, diese Werte auch dann zu vertreten, wenn man sie nicht vollumfänglich teilt, solange dies der Bewahrung des gemeinsam vertretenen höheren Zieles dient. Loyalität zeigt sich sowohl im Verhalten gegenüber demjenigen, dem man loyal verbunden ist, als auch Dritten gegenüber. Ein loyaler Mitarbeiter zeigt diese Eigenschaften also nicht nur gegenüber dem Unternehmen oder steht loyal zu Ihnen, sondern er zeigt diese Loyalität auch gegenüber allen anderen Personen. Er ist für Ihr Unternehmen oder für Sie ein verlässlicher Werbeträger. Der lässt nichts auf die Firma kommen. Da heißt es dann: „Ja gut, das neue Betriebssystem hat seine Fehler, aber …" Der kämpft für das Unternehmen. Und für dessen Produkte und Dienstleistungen. Mitarbeiter-Loyalität bedeutet hohes Engagement und Freude an der Arbeit, Ambitionen und unternehmerisches Handeln, Identifikation und emotionale Verbundenheit.

Am Anfang dieses Kapitels ging es darum, diese Typen einfach – schlecht – reden zu lassen. Aber das funktioniert nicht. Ich habe ja zwei Geschäfte. Einmal halte ich Vorträge und schreibe Bücher wie dieses. Und dann hab ich ja noch mein Kerngeschäft. Ich verkaufe Fische. Und das ist ein reines Business-to-Customer-Ding. Jeder braucht mal Fische. Und das bedeutet, dass jeder da draußen auch ein potenzieller Kunde ist. Was ich da für mein Geschäft überhaupt nicht brauchen kann, ist ein Mitarbeiter, der schlecht über mich oder meine Ware redet. Und dieses „Schlecht-über-mich-Reden" ist heute nicht mehr auf das wahre Leben beschränkt. In der Schlange beim Bäcker hören vielleicht fünf Leute zu. Drei von denen interessiert das Ganze sowieso nicht. Aber zwei hören hin. Und erzählen es weiter. Und dann: Wie viele Facebook-Freunde haben Sie doch gleich? Wie viele Follower haben Sie auf Twitter? Der andere hat vielleicht noch mehr. Ein Eintrag ins richtige Forum – natürlich anonym – kann verheerende Folgen für Sie haben. Das ist aber genau das, was diese Leute machen: Das sagt einem eigentlich die Lebenserfahrung. Aber die IFAK-Studie sagt das Schwarz auf Weiß: Geht es um die Bereitschaft, ihr Unternehmen als Arbeitgeber weiterzuempfehlen, so tun dies laut der Studie 68 Prozent der Gebundenen, aber nur fünf Prozent der Beschäftigten ohne Bindung. Und es geht weiter: Lediglich 16 Prozent der unengagierten Mitarbeiter sind gewillt, die Produkte oder Dienstleistungen ihres Arbeitgebers weiterzuempfehlen. Bei einer hohen Bindung hingegen tun dies stolze 82 Prozent. Auf diese positive Mundpropaganda wollen Sie doch eigentlich nicht verzichten.

Loyale Mitarbeiter sind in dreifacher Hinsicht echte Erfolgsgaranten: Erstens bringen sie ihre ganze Leistungskraft ins Unternehmen ein, zweitens wirken sie als Motivatoren nach innen und drittens als Botschafter nach außen. Loyalität ist also Gold wert für ein Unternehmen. Aber viele Unternehmen haben die Chance auf die Loyalität ihrer Mitarbeiter systematisch verspielt. Das bekommen diese Unternehmen spätestens dann zu spüren, wenn es darum geht, neue hochqualifizierte Mitarbeiter finden zu müssen. Denn die Wirtschaft zieht an. Offene Stellen gibt es gerade im hochqualifizierten Bereich genug. Suchen Sie mal Facharbeiter. Das ist ein ganz hartes Brot. Viel besser wäre es doch, den Facharbeiter, den Sie schon haben, wieder fest ins Unternehmen einzubinden. Und das geht. „Viel besser" lässt sich im Übrigen auch ganz gut eingrenzen: Auf ein bis zwei Jahresgehälter werden die Kosten geschätzt, die entstehen, wenn eine Spitzenkraft ersetzt werden muss.

Schauen wir mal, was die größten Feinde der Loyalität sind. Dabei verlassen wir uns auf Anne M. Schüller, die eine echte Expertin auf diesem Gebiet ist. Ihr zufolge wirken sich folgende Punkte negativ auf die Loyalität aus:

- emotionale Kälte und Mangel an Menschlichkeit
- Vertrauensschwund
- ständige innerbetriebliche Umstrukturierungen,
- Unternehmensverkäufe und Fusionen
- schlechtes Trennungsmanagement

Das sind alles Punkte, die uns entweder schon in diesem Buch begegnet sind oder die uns noch begegnen werden. Auf alle Fälle haben wir hier weitere Ansatzpunkte, um die Loyalität der Mitarbeiter nachweisbar zu erhöhen.

Wie sieht das in einem typischen großen Unternehmen für eine junge Führungskraft aus? Die strebt natürlich schnelle und weite Karrieresprünge an. Aber bei einem halbjährlichen Abteilungswechsel wird es schwer mit der Loyalität. Ständige innerbetriebliche Strukturveränderungen sorgen ohnehin schon bei einem hohen Prozentsatz von Mitarbeitern für Unsicherheit. Aber gerade Loyalität braucht auch Zeit zum Wachsen. Soziale Beziehungen müssen sich entwickeln können. Verbundenheit entsteht langsam. Wenn man Teams nach wenigen Wochen oder Monaten wieder neu zusammenstellt, sind das keine idealen Bedingungen. Das war gelogen. In Wahrheit ist es Gift für die Loyalität. Und das gilt innerbetrieblich. Wenn Ihre Firma fusioniert, übernommen wird, und da kommt einer und sagt: „Guten Tag, ich bin Ihr neuer Chef." Und derjenige, mit dem Sie ein paar Jahre gut zusammengearbeitet haben, der ist plötzlich draußen ... ich wette, Sie sind dann vorsichtig mit Ihrer Loyalität. Und Ihre Mitarbeiter auch.

Ich erzähle Ihnen eine Geschichte, die ist zugegebenermaßen extrem, aber vermutlich ist das beschriebene Verhalten gar nicht so selten. Da gibt es ein großes Familienunternehmen. Branche Automotive. Zweistelliger Milliardenumsatz. Der Chef ist Patriarch ganz, ganz alter Schule. Steht im Ruf, nicht besonders pflegeleicht zu sein. Kontrolliert am liebsten noch die Ausrichtung von Messer und Gabel in der

Betriebskantine. Und der hat eine Mitarbeiterin. 20 (!) Jahre stand die ihm persönlich und im engen Kontakt treu zur Seite. Jahrelang als Leiterin einer wichtigen Stabsstelle. Die nennen wir Frau Ypsilon. Und eines schönen Tages gibt es ein Team-Meeting und herein kommt – unangekündigt, denn sonst wäre ja die Überraschung verdorben – ein Vorstandsmitglied mit einer jungen Dame an der Seite. Und der sagt vor versammelter Mannschaft: „Guten Tag. Das hier ist Frau Zett, die ist ab heute Leiterin der Stabsstelle. Und das bringt mich direkt zu Ihnen, Frau Ypsilon. Haben Sie denn eine Idee, wie Sie dem Unternehmen jetzt noch nützlich sein wollen?" Das ist keine emotionale Kälte mehr, das ist ein eklatanter Mangel an Menschlichkeit. Und dieses „Trennungsmanagement", das in Wahrheit ein gezielter Tiefschlag ist, sendet ganz klare Signale an alle anderen Mitarbeiter: Vertraue niemandem. Und: Loyalität lohnt sich nicht! Wenn Sie nur an einem dieser Punkte ansetzen, erhöhen Sie die Loyalität und die damit verbundene Motivation Ihrer Mitarbeiter erheblich.

Kundenloyalität

Das war die eine Seite. Jetzt kommt ein neuer Faktor ins Spiel. Denn auf Loyalität müssen wir nicht nur bei unseren Mitarbeitern Wert legen. Mindestens ebenso wichtig ist die Kundenloyalität. Wichtig ist, dass sich Loyalität von der Kundenbindung unterscheidet. Zwar heißt inzwischen jedes Papp-Rabattkärtchen Loyalty Program, aber diese Begriffe dürfen wir nicht verwechseln. Kundenbindung ist ein eher unangenehmes Maßnahmenbündel: Melde dich hier an, gib uns dort deine Daten, kaufe dann genau hier, erhalte fünf Punkte und wenn du für 2.000 Euro genau hier und nur hier getankt hast, schenken wir dir einen Plastikfußball, den du nicht brauchst. Ach ja, das Geld für den Fußball und unser Gehalt haben wir längst drin, weil wir deine Daten „weiterverwendet" haben, und du hast dem zugestimmt.

Kundenloyalität ist aber freiwillige Treue. Wenn er wollte, könnte der Kunde jederzeit zum Mitbewerber wechseln. Aber – das ist das Tolle – er will das gar nicht. Seine Loyalität hat er Ihnen aus eigener Überzeugung heraus geschenkt. Kunden- und Mitarbeiterloyalität stehen dabei in einem engen Zusammenhang. Sie verstärken sich gegenseitig – im Positiven wie im Negativen. Und der Kunde, der Konsument, der ist ja auch nicht auf der Wassersuppe hergeschwommen, der weiß, dass er gerade in Zeiten von sozialen Netzwerken zwei mächtige Waffen in der Tasche hat: erstens seine Loyalität gegenüber einem Unternehmen oder einer Marke, die er jederzeit entziehen kann, zweitens seine Empfehlungsbereitschaft.

Mangelnde Loyalität gegenüber einer Marke, einem Unternehmen oder einem Betrieb äußert sich so: Geh ich halt woanders hin, um mein Geld auszugeben. Was? Ich werde in der einen Elektromarkt-Kette schlecht, nämlich eine Stunde lang gar nicht, bedient? Na und, ist ja nicht die einzige Kette. Und die anderen sind auch saugünstig oder geiz-geil oder was weiß ich. Bedienen Sie mal einen Mercedes-Typen schlecht. Bis zum Tode kommt der nicht wieder zu Ihnen. Und seinen Enkeln verbietet er noch auf dem Sterbebett, jemals bei Ihnen zu kaufen. Und wir haben viele Mercedes-Typen bei uns in Deutschland, die in dieser Hinsicht keinen Spaß verstehen. Die Wechselbereitschaft des Konsumenten ist jedenfalls so hoch wie noch nie. Die Gesellschaft für Konsumforschung hat in einer Studie aus dem Jahr 2011 aufschlussreiche Zahlen veröffentlicht: Marken des täglichen Bedarfs verlieren im Durchschnitt bereits 40 Prozent ihrer Stammkundschaft pro Jahr. Und das, obwohl gerade mit diesen Kunden 60 bis 70 Prozent des Umsatzes erzielt werden. Ihre Stammkunden entscheiden über die Zukunft Ihres Unternehmens, über Ihre Zukunft. Das sind die – noch – loyalen Kunden. Die sind immun gegen die Angebote Ihrer Mitbewerber. Und gerade deshalb sollten sie besondere Aufmerksamkeit genießen.

Ist das bei Ihrem Unternehmen so? Arbeiten Sie vielleicht bei einer dieser Banken, die neuen Kunden Startguthaben versprechen? Was versprechen Sie eigentlich den Stammkunden? Ein Kauf, ein Vertragsabschluss kann der Beginn einer langen Freundschaft, in diesem Fall einer auf Zufriedenheit und Loyalität basierenden Beziehung zwischen Kunde und Unternehmen, sein. Leider ist es für das Unternehmen oft ein Schlusspunkt. Der Kunde ist danach nur noch zweite Wahl. Sie kaufen sich eine Hose. Teuer, billig, ist egal. Sie haben Geld dafür ausgegeben. Jetzt fällt der Knopf ab. Gut, Sie haben in letzter Zeit ein bisschen zugenommen. Aber das darf nach drei Wochen nicht passieren. Der Kunde bringt die Hose wieder. Die Verkäuferin war doch aber beim Verkauf so freundlich. Jetzt ist der Zeitpunkt, wo sie, die

Verkäuferin, mit erneuter Freundlichkeit, Unkompliziert-
heit und auch Kulanz die Beziehung zum Kunden dauerhaft
sichern kann. Wenn ihm jetzt geholfen wird, fühlt er sich
gut. Dann vergisst er die mangelhafte Qualität der Ware.
Aber an den Service wird er sich erinnern. Und er wird das
weitererzählen. Verlieren Sie keinen einzigen Kunden. Ich
weiß, dass das ein hohes Ziel ist. Die Kunden, das wissen
wir nun, sind auch nicht immer einfach. Aber ein zufriedener Stammkunde ist, genauso wie ein zufriedener Mitarbeiter, Teil Ihres Humankapitals.

Loyalität zu einer Marke ist, das muss man wissen, zu einem guten Teil irrational. Versuchen Sie doch mal einen Apple-
-Jünger von den Vorzügen eines neuen Samsung-Handys zu
überzeugen. Wird schwer, sehr schwer. Marken und Produkte rühren mit dem Bild, das sie transportieren, auch immer an das Bild, das der Kunde von sich selbst hat. Da ist
viel Emotionalität mit im Spiel. Ich erinnere da an den schier
unüberbrückbaren Graben zwischen Mercedes- und BMW-
Fahrern. Beides sind ja Meisterstücke deutscher Ingenieurskunst. Aber dennoch gibt es manchen erklärten BMW-
Fahrer, der eher den Bus nehmen würde, als in einen Mercedes zu steigen. Schüller schreibt: „Loyalität ist vergleichbar
mit der Liebe: Es muss funken zwischen Anbieter und Kunde." Wir wissen aus der Motivationspsychologie, dass so
etwas auch viel mit gemeinsamen Bildern zu tun hat. Wenn
sich ein Kunde stark mit den Bildern identifiziert, weil sie
seinen Grundmotivationen entsprechen, haben Sie ihn gewonnen. Loyale Kunden sind sogar nachsichtiger, wenn
Fehler passieren. Das erklärt vielleicht, warum es immer

noch Liebhaber von italienischen Autos gibt. Fragen Sie doch mal den Fahrer eines älteren Lancia, warum er immer noch seinen Delta fährt. Der sagt Ihnen dann so was wie „Türen, die im Winter nicht schließen, geben einem Fahrzeug Charakter!"

Die Loyalität eines Kunden endet nicht beim Kauf. Und das ist etwas, was ihn noch viel wertvoller macht. Mitarbeiter mit hoher Bindung an das eigene Unternehmen sind zu über 80 Prozent bereit, die Produkte oder Dienstleistungen ihres Arbeitgebers weiterzuempfehlen. Während die Mitarbeiter dazu bereit sind, empfehlen loyale Kunden Ihr Angebot gerade aktiv weiter. Und sie tun das gerne. In Zeiten von Social-Media-Multiplikatoren wie Facebook & Co ist das ein mächtiges Instrument. Es ist nämlich so: Ein enger Freund ist als Empfehlungsgeber mehr als doppelt so glaubwürdig wie ein anerkannter Experte. Was wiederum beweist, wie viel Emotionen in der Sache drinstecken, und was außerdem eine Erklärung dafür sein könnte, warum so viele Menschen schlechte Geldanlagen haben. Lustigerweise sind Empfehlungen von Prominenten am wenigsten glaubwürdig. Kleiner Hinweis ganz umsonst von mir: Sparen Sie sich als Unternehmer das Geld für teure Testimonials, also für prominente Werbeträger. Investieren Sie lieber in einen guten Social-Media-Berater und lassen Sie sich etwas von Buzz- und Influencer-Marketing erzählen. Mache ich übrigens auch gerne.

Machen Sie aus Kunden Botschafter Ihres Unternehmens

Wie machen Sie aus Kunden Empfehler? Also Menschen, die Ihr Unternehmen, Ihre Dienstleistungen oder was Sie so anbieten, weiterempfehlen? Das ist doch mal eine echt gute Frage. Die ist fast so gut wie die Frage, warum Menschen es unterhaltsam finden, am Sonntag Fisch zu kaufen. Die Antwort ist in Teilen sogar die gleiche. Denn die Menschen bekommen im Normalfall für die Empfehlung kein Geld. Ein bisschen anders sieht es im Social-Media-Bereich aus, wo es durchaus vorkommen kann, dass einflussreichen Bloggern auch Geld geboten wird. Im echten Leben ist es jedenfalls so: Wenn Sie wollen, dass Ihr Unternehmen, Ihr Betrieb, Ihre Marke weiterempfohlen wird, müssen Sie Ihr Angebot empfehlenswert machen. Es muss sich schon lohnen, darüber zu reden. Man will beim Klönschnack ja auch ein bisschen glänzen. Und wenn wir merken, wir können mit der Geschichte punkten, dann erzählen wir die gleich noch mal so gerne. Erinnern Sie sich an die gute Frau, die von Aale-Dieter für 50 Euro Fisch gekauft hat? Die wird das weitererzählen. Aber das geht dann nicht so: „… und dann hat der unverschämte Kerl mein ganzes Geld genommen und mir den gammeligen Fisch in die Tüte gepackt …" Das geht so: „Also das war vielleicht 'n Ding. Das musst du erlebt haben … ja, beim Fischmarkt … geh da unbedingt mal hin." Wir empfehlen nämlich nicht nur Dinge weiter, weil sie das absolute State-of-the-Art-Produkt sind und etwas Tolles können, was die Mitbewerber nicht können, sondern auch, weil sie uns emotional berühren. Das kommt als Erstes: Emotion. Wir reden über Dinge, die entweder besonders gut oder besonders schlecht sind. Wenn nicht über sie geredet wird, heißt das, sie sind gutes Mittelmaß. Und das interessiert uns nicht. Interessiert keinen.

Ich habe eine großartige Kollegin. Frau Anne M. Schüller, die ich in der Recherchephase für dieses Buch konsultiert habe und die mir mit ihrer großartigen Kollegialität auch geholfen hat. Sollte Sie das Thema „Loyalty Marketing" interessieren, empfehle ich von ganzem Herzen ihre Bücher.

Nach Anne M. Schüller [1] entsteht Empfehlungsbereitschaft immer dann:

- wenn man auf diese Weise seiner Persönlichkeit Ausdruck verleihen kann
- wenn man dadurch „Coolness" und Geltungsbedürfnis nähren kann
- wenn man zum Wohlergehen anderer beitragen kann
- wenn man sich durch Insiderwissen als Vorreiter profilieren kann
- wenn man sich zugehörig und als Teil einer Gemeinschaft fühlen kann
- wenn man in Entstehungsprozesse involviert wurde und mitgestalten konnte
- wenn etwas Unterhaltsames oder Sensationelles bereitgehalten wird

---

1) Anne M. Schüller: *Touchpoints. Auf Tuchfühlung mit dem Kunden von heute*, Offenbach, 2012.

- wenn man uns etwas völlig Neues oder
  sehr Exklusives anbietet
- wenn etwas überaus Nützliches oder
  Begehrenswertes angeboten wird
- wenn es etwas zu gewinnen oder zum
  (miteinander) Spielen gibt

Und jetzt nehmen Sie bitte einen Stift und markieren alle
die Punkte, in denen sich mindestens eine der Grundmotivationen aus dem Kapitel „Die fünf Motivationstypen" wi-
derspiegelt. Am Ende sollten Sie alle Punkte markiert haben. Bitte merken Sie sich dieses Spielchen. Denn am Ende
des Kapitels über den Pike-Place-Fischmarkt nehmen Sie
sich bitte noch mal einen Stift. In einer anderen Farbe bitte.
Und dann markieren Sie alle Punkte, von denen Sie finden,
dass sie über die Prinzipien der Bergquist-Methode abge-
deckt werden können. Und dann haben Sie, wenn Sie dieses
Buch gelesen haben, um jeden der Punkte da oben zwei far-
bige Kringel.

Menschen wollen mehr als Geld und Spaß. Sie wollen wichtig sein. Sie möchten sexy sein. Sie möchten Teil einer Gemeinschaft sein und sie wollen, auch im Konsum, etwas Sinn-
volles tun. Sie wollen auch als Kunden ihre Grundmotivationen befriedigt sehen. Nicht nur im Verkaufsgespräch. Sondern auch durch die Ware, durch das Produkt, das sie kaufen. Ob dieses Versprechen erfüllt wird, steht auf einem anderen Blatt und im Kapitel „Kognitive Dissonanz". Übrigens:
Kunden, die ein bestimmtes Unternehmen empfohlen haben, fühlen sich diesem Unternehmen nach der Empfehlung

umso stärker verbunden. Eigentlich reicht es zu wissen, dass es so ist. Wenn Sie wissen wollen warum, dann lesen Sie noch mal im Kapitel „Lösung KDR?" nach.

Ausblick

Eines muss Ihnen in Bezug auf Loyalität und Empfehlungsmarketing klar sein: Das ist kein Trend, der vorbeigehen wird. Die Bedeutung wird ganz im Gegenteil weiter zunehmen.

1. Die Empfehlungen von zufriedenen Kunden haben beim Empfänger eine hohe Relevanz, weil sie durch Erfahrungswissen unterfüttert sind. Ein Kunde gilt als unbestechlich und neutral. Er ist in den allermeisten Fällen auch nicht gekauft und seine Empfehlung ist deshalb bei anderen Kunden besonders glaubhaft. Deshalb ist die Kundenempfehlung noch werthaltiger als die Empfehlung durch einen Mitarbeiter, dessen Job schließlich in der einen oder anderen Art daran hängt, dass die Produkte seines Hauses verkauft werden.

2. Sie werden in Zukunft weiter mit immer stärkeren rechtlichen Einschnitten in Bezug auf Werbung, ganz besonders im Direkt- und Dialogmarketing, zu kämpfen haben. Wenn Sie das, was Aale-Dieter seinen Kunden auf dem Markt erzählt beziehungsweise entgegenbrüllt, in einer E-Mail oder in einem Werbebrief

schreiben würden, würden Sie es ganz, ganz schnell mit dem Verbraucherschutz zu tun bekommen. Und um überhaupt eine E-Mail oder ein Mailing adressieren zu können, benötigen Sie die passenden Adressen. Datenschutz, Double Opt-in, Black- und White-Listen und so weiter. Und es wird angesichts neuer EU-Initiativen nicht leichter werden.

3. Wenn man auf einem immer unübersichtlicheren Markt, überhaupt in einer immer unübersichtlicheren Welt, mit einer unüberschaubaren Vielfalt an Möglichkeiten zwischen verschiedenen Anbietern und verschiedenen Produkten wählen muss, gibt eine persönliche Empfehlung verlässliche Orientierung. Sie gibt Vertrauen und Sicherheit. Und hilft uns nicht zuletzt, Zeit zu sparen. Oder wollen Sie Ihren halben Jahresurlaub damit verbringen, sich auf den neuesten Stand der Smart-TV-Technik zu bringen, bloß weil Ihr alter Fernseher langsam den Geist aufgibt?

Gerade wenn wir den dritten Punkt ins Auge fassen und dabei nicht nur an das echte Gespräch, den kleinen Schwatz auf der Treppe oder das geradezu legendäre „gute Gespräch" unter Männern, sprich Biertrinken, denken, kann es unter Umständen gut sein, mit Ihren Mitarbeitern über Social-Media-Guidelines zu sprechen. Denn es ist klar, dass das Bild Ihres Unternehmens auch über die Äußerungen und Posts Ihrer Mitarbeiter in den sozialen Netzwerken geprägt wird. Dass Sie mit solchen Regelwerken die wirklich schwarzen Schafe, die aktiv unengagierten Kollegen, nicht stoppen können, ist schon klar. Wenn die sich auskotzen wollen, kotzen die sich aus. Für die große Masse der Mitarbeiter kann so eine Orientierungshilfe tatsächlich manchmal nützlich sein, denn die globale Reichweite von Facebook oder Blogs und die Wege, die die veröffentlichten Informationen nehmen können, werden noch immer von manchen unterschätzt. Wie sehr wir das alle unterschätzt haben, wissen wir seit dem Bekanntwerden der NSA-Affäre. Ach nee. Da war ja nichts. Ich hab nichts gesagt. Also: Wenn es richtig gemacht wird, ist so eine Richtlinie hilfreich. Und inzwischen haben ja auch schon viele Unternehmen solche Richtlinien. Und diese Richtlinien oder häufiger „Guidelines" sind natürlich genauso zustande gekommen wie die meisten Unternehmensleitlinien. Einer, oder von mir aus eine strategische Kommission, hat sie sich ausgedacht oder zusammenkopiert und dann den Mitarbeitern präsentiert. Vielleicht wurde sogar zur Feier der neuen Richtlinien schnell noch einem Oberboss ein Facebook-Profil eingerichtet. Der demotivierende Eindruck, den die Guidelines bei den Mitarbeitern in diesem Fall hinterlassen, wenn sie denn überhaupt zur Kenntnis genommen werden, ist: Die halten uns wieder mal für Idioten. Idioten, die sogar zu doof für Facebook sind. Bei Twitter steigen dann regelmäßig die Neuanmeldungen von Rage-Accounts. Denn bis zu Twitter trauen sich die Bosse meistens nicht. Anne M. Schüller berichtet in ihrem großartigen Buch „Touchpoints" von einer Firma, die es für ihre Guidelines auf ein Buch mit sensationellen 185 Seiten gebracht hat. (Wie viele Seiten hat eigentlich dieses Buch hier…?) Kann ich mir wirklich gut vorstellen, wie sich die Mitarbeiter diese exquisite Arbeitsbeschaffungsmaßnahme der Rechtsabteilung am Feierabend mit auf die Terrasse nehmen und erst mal entspannt durcharbeiten. Schüller gibt auch Beispiele, wie es anders gehen kann. Und natürlich – wie bei allem, was die Belegschaft verinnerlichen soll – sind die Mitarbeiter in diesem Beispiel von Beginn an in den Prozess eingebunden: Eine Gruppe von Mitarbeitern hat die Guidelines selbst erarbeitet. Das Ergebnis spiegelte das Unternehmensinteresse gut wider. Niemand musste sich Sorgen machen. Ein Video wurde dazu erstellt und im Intranet hochgeladen. Feedback war möglich und wurde aufgenommen. Und das kam an bei den Kolleginnen und Kollegen. Eben deshalb, weil es nicht Top to Bottom verordnet war. Und weil es Spaß macht. Und Spaß gehört bei aller Kommerzialisierung der sozialen Netzwerke immer noch dazu. Dass nebenbei die Loyalität derjenigen Mitarbeiter, die an der Erstellung aktiv beteiligt waren, wuchs, ist dabei natürlich ein angenehmer Nebeneffekt.

Trotzdem gibt es ganz, ganz einfache Regeln. Wenn man sich an die hält, kann eigentlich nichts schiefgehen. Eine lautet: Don't be stupid. Lassen Sie gesunden Menschenverstand walten und seien Sie im Umgang mit Social Media mindestens so sorgfältig wie bei anderen Kommunikationsformen, sprich von Angesicht zu Angesicht. Und wenn man sich das vor Augen hält, wird einem schnell klar, was geht und was besser intern bleibt.

Zusammenfassung

Es gibt zwei Arten von Loyalität: die Loyalität des Mitarbeiters zu seinem Unternehmen und die Loyalität des Kunden zu einem Unternehmen oder einer Marke. Beides ist für den Unternehmer extrem wichtig. Die Bedeutung sowohl der Mitarbeiterloyalität als auch der Kundenloyalität wird in Zukunft weiter wachsen. Die größten Feinde der Mitarbeiterloyalität sind:

- emotionale Kälte und Mangel an Menschlichkeit
- Vertrauensschwund
- ständige innerbetriebliche Umstrukturierungen, Unternehmensverkäufe und Fusionen
- schlechtes Trennungsmanagement

Als Führungskraft können Sie diesen Punkten mit den Prinzipien der Bergquist-Methode entgegenwirken. Wir streben eine mündige, freiwillige Loyalität an. Nur zufriedene Mitarbeiter bringen einem Loyalität entgegen. Zufriedenheit ist nicht mit einem angemessenen Gehalt gleichzusetzen. Damit Ihnen ein Mitarbeiter loyal gegenübersteht, muss er sich mit den Unternehmenszielen identifizieren.

Kundenloyalität ist freiwillige Treue. Hierin unterscheidet sie sich von den Methoden der an Bedingungen geknüpften Kundenbindung. Loyalität zu einer Marke ist zu einem guten Teil irrational. Loyale Kunden sind Botschafter Ihres Unternehmens. Kundenloyalität entsteht, wenn die Kunden durch den Konsum ihre Grundmotivationen befriedigt sehen.

20

Verantwortung
abgeben können

Nicht nur Hein Hansen passiert das regelmäßig, dass er sich bei einem neuen Mitarbeiter manchmal denkt: Mein Gott, was für'n Döspaddel haben wir denn da schon wieder eingestellt? Jetzt hab ich dem doch wunderbar erklärt, wie die ganze Sache auszusehen hat, wie ich mir seine Arbeit vorstelle. Und das Ergebnis ist einfach nur Schrott. Kennen Sie? Wie kommt das?

Wenn man möchte, dass ein Mitarbeiter eigenständig arbeitet, dann heißt das nichts anderes, als dass der Mitarbeiter Verantwortung für seine Arbeit übernehmen soll. Das ist von einer Führungskraft und von einem Mitarbeiter, der Verantwortung übernehmen will, ziemlich leicht und schnell dahergesagt. Aber wir sollten uns vorher schon mal angucken, was denn Verantwortung ganz genau ist. In der einschlägigen Literatur findet man das berühmte Dreieck der Verantwortung. Weil es ganze drei Punkte sind, die verantwortliches Handeln tatsächlich möglich machen.

Dieses Dreieck – an jeder Ecke steht ein Begriff – müssen wir uns gleich mal aus zwei verschiedenen Betrachtungswinkeln anschauen. Der erste Betrachtungswinkel ist der der Führungskraft. Wenn sie eigenverantwortliches Handeln von einem Mitarbeiter möchte, muss sie schauen, dass bei diesem Mitarbeiter alles da ist, was dieses Dreieck bestimmt. Alle drei Ecken müssen komplett vorhanden sein. Der Mitarbeiter, der Verantwortung übernehmen will, muss ebenfalls schauen, ob diese drei Punkte durch ihn zu erfüllen sind. Wenn nicht, dann hat er zumindest noch die Verantwortung, diese Bedingungen selbst einzufordern.

Verantwortung besteht aus den drei Eckpunkten „Können", „Wollen" und „Dürfen". Und jetzt schauen wir uns die drei Punkte im Einzelnen an. Ich muss also die Verantwortung wollen. Und wenn wir jetzt einen Rückblick auf unsere fünf Typen nehmen, dann fällt uns natürlich sehr schnell auf, Typ 1, der Porsche-Typ, will sie grundsätzlich. Weil er ja eh der Meinung ist, dass er alles bereits kann. Typ 2, der Golf-Typ, der will vielleicht überhaupt gar nicht. Als Hauptmotivation hat der ja Sicherheit und Geborgenheit. Und wenn er eine neue Aufgabe, eine Aufgabe, die nicht in seiner Komfortzone, also im Bereich bisher erlebter Dinge liegt, übernehmen soll, überlegt er sich dann vielleicht: „Hm. Könnte ja passieren, dass das schiefgeht, und vielleicht kriege ich dann Ärger." Und das trifft ihn mitten in seiner Grundmotivation Sicherheit und Geborgenheit. Also der hat das wahrscheinlich nicht so mit dem Wollen. Bei Typ 3, dem

Kombi-Typ, ist die Sache differenziert zu betrachten. Der will, wenn die Gruppe will oder wenn er selber der Überzeugung ist, dass es der Gruppe, seinem Team, seinem vertrauensvollen Umfeld, hilft. Typ 4, der Mercedes-Typ, will aus Prinzip nicht. Der will nur, wenn es irgendwo Vorschriften gibt, die genau beschreiben, dass er das gefälligst zu wollen hat. Also dann, wenn es in seiner Stellenbeschreibung steht. Und der Typ 5, der SUV-Typ, das ist ja derjenige, dessen Grundprinzipien Unabhängigkeit und Eigenverantwortung sind, der will auch. Wenn er den Nutzen kennt und diesen Nutzen auch für wichtig und richtig empfindet.

Und die entsprechenden Grundmotivationen muss die Führungskraft bei dem Thema „Wollen" ausspielen. Beim Porsche-Typ: „Wenn du's machst, kommst du ganz groß raus." Beim Golf-Typ: „Wenn du's nicht willst, dann kriegst du ein Problem." Also überlegt der, wenn ich ablehne, bekomme ich Ärger. Meine Grundmotivation ist aber Sicherheit und Geborgenheit. Und angesichts der Aussicht auf Ärger und Meckerei scheint es sicherer, dann doch zu wollen. Es wird also neu priorisiert. Ergebnis: Er wird es tun. Beim Kombi-Typ ist es bei entsprechender Ansprache – „Komm, wir als Team, wir schaffen das schon" – durchaus möglich, dass er dann eben auch will. Beim Mercedes-Typ hängt man einfach einen entsprechenden Anhang an die Stellenbeschreibung und dem SUV-Typ muss die Führungskraft erklären, welche Ergebnisse erwartet werden und warum das auch für ihn gut wäre, wenn er die Verantwortung übernähme.

Als Mitarbeiter hinterfrage ich, wenn ich eine neue Aufgabe bekomme, ob ich das überhaupt will. Und wenn nicht, warum nicht? Ich hinterfrage meinen eigenen Motivationstyp und schaue, ob es einen Punkt gibt, an dem ich mich mit dieser Aufgabe neu identifizieren kann. Denn nichts anderes ist das „Wollen" ja am Ende des Tages.

Kommen wir zur zweiten Ecke unseres Dreiecks: Das ist „Können". Und das ist ein ganz wichtiger Punkt. Der impliziert die Frage: „Hat der Mitarbeiter von mir das Handwerkszeug bekommen, um seine Aufgabe auch tatsächlich auszuführen zu können?" Also wenn ich einen Maurerlehrling losschicke und sage zu dem, er soll jetzt einen Stein auf den anderen packen, aber ich gebe ihm weder die Kelle mit noch zeige ich ihm den Zugang zum Mörtel, dann hat er keine Chance. Nichts anderes ist das natürlich in Denk- und Kreativ-Abteilungen auch. Wenn ich von Mitarbeitern erwarte, sie sollen kreative Aufgaben lösen, muss ich vorab wissen, ob sie denn überhaupt das Handwerkszeug dazu haben. Kennen sie die Kreativ-Techniken, kennen sie die Mindmapping-, die 6-3-5-Methode oder was weiß ich für Methoden, mit denen sie so etwas umsetzen können? Hier liegt es eindeutig in der Verantwortung der Führungskraft, die Kompetenzen der Mitarbeiter zu kennen. Wissen Sie, was die alles können? Und wenn ich denen eine Aufgabe gebe und ich bin mir nicht sicher, ob sie das Handwerkszeug dazu haben, wie kann ich es ihnen geben? Wie kann ich ihnen die Kompetenzen ermöglichen? Entweder dadurch, dass ich es ihnen selbst zeige, dadurch, dass ich es ihnen von jemandem zeigen lasse, von dem ich weiß, dass er es kann, und von dem ich finde, dass er es gut kann. Oder ich schicke die Mitarbeiter sogar auf ein Seminar oder ein Training.

Als Mitarbeiter auf der anderen Seite muss ich natürlich ebenfalls fragen: „Kann ich diese Aufgabe lösen? Bin ich notfalls in der Lage, mir die erforderlichen Kompetenzen eigenverantwortlich anzueignen?" Indem ich beispielsweise jemanden frage, bei dem ich davon ausgehe, dass der das weiß, was ich wissen will. Ansonsten muss ich die Rückmeldung geben: „Halt. Hier brauche ich Know-how." Sonst kommt eben Schrott raus. Ich habe übrigens eine Sekretärin, die mir bei meinen Vorträgen, Seminaren und Beratungen hilft, die ist ein Beispiel dafür, wie jemand die Verantwortung für seinen eigenen Werkzeugkoffer übernimmt. Wenn es eine Aufgabe gibt, die sie nicht kann, dann ist die sich nicht zu schade, sondern sagt klipp und klar: „Pass auf, Hein, da brauche ich Know-how!" Und dann kriegt sie das beziehungsweise geht auf Seminare und holt sich das. Das ist ein Grund, warum der Hein seine Tanja so großartig findet.

Und dann kommen wir zum dritten Punkt des Dreiecks der Verantwortung: zum „Dürfen". Darf derjenige diese Aufgabe tatsächlich übernehmen? Manche Führungskräfte delegieren ja gerne auch Aufgaben an Mitarbeiter weiter, die eindeutig in ihrem Bereich liegen. Die sie selbst machen müssten. Weil sie für diese Aufgaben in dieser Position extra geschult und befördert worden sind. Und weil diese Aufgaben höchstwahrscheinlich in ihrer Stellenbeschreibung stehen. Und weil irgendjemand im schlimmsten Falle auch rechtlich und finanziell für die Ergebnisse haften muss. Aber na ja … manche Aufgaben sind unangenehm, die werden dann fix nach unten delegiert. Natürlich darf eine Führungskraft sich von unten etwas zuarbeiten lassen. Aber sie darf nicht die Verantwortung für die Aufgabe abgeben, die sie eigentlich machen müsste. Das ist ein Problem, das viele Führungskräfte und naturgemäß auch ihre Mitarbeiter haben. So. Und „Dürfen" aus Sicht der Mitarbeiter? Dürfen die? Wir sprechen in diesem Buch ja auch vom Flow-Prinzip. Nämlich dass die Topmotivation im Spannungsfeld zwischen Herausforderung und Fähigkeiten liegt. Raten Sie mal, was in deutschen Unternehmen häufiger vorkommt: Überforderung, also dass die Fähigkeiten geringer sind als die Herausforderung? Oder Unterforderung, also dass der Mitarbeiter mehr Fähigkeiten hat, als die Aufgabe eigentlich von ihm verlangt? Wir haben das schon gesehen: Oft sind die Mitarbeiter – und je größer die Unternehmen sind, umso häufiger kommt das vor – eben eher unterfordert. Also trauen Sie als Führungskraft den Mitarbeitern was zu. Geben Sie ihnen Aufgaben. Sorgen Sie dafür, dass das Dreieck der Verantwortung vollständig ist. Der Mitarbeiter muss das wollen. Dabei können Sie ihn unterstützen. Nicht durch Befehl und Gehorsam, sondern durch Überzeugung. Er muss es können, er braucht das richtige Handwerkszeug. Und er muss es dürfen, er muss es auch mal allein machen dürfen.

Das ist bei mir am Fischstand übrigens nichts anderes. Wenn ein neuer Mitarbeiter kommt, dann muss der eingeschult werden. Der darf ein bisschen zugucken. Dann muss er auch mal anpacken, muss die ganz einfachen Arbeiten machen. Und ganz langsam, Stück für Stück, muss man ihn auch mal an das Komplizierte ranlassen. Und irgendwann, wenn der dann richtig Bock hat und motiviert ist und merkt, dass er hier auch darf, dass diese Tür für ihn offen ist, er da durch darf und in einen neuen Raum rein, dann steht er vielleicht irgendwann auch mal ganz weit vorne am Fischstand und schreit die Kunden an: „Hier frische Fische. Und jetzt hol das Portemonnaie raus, sonst gibt's hier einen auf die Mütze." So läuft das. Und das kann in Ihrem Betrieb auch so laufen. Seien Sie ein guter Vater/ Chef. Lassen Sie die lieben Kleinen auch mal los. Sicher, die werden mal hinfallen. Aber wenn Sie die die ganze Zeit an die Hand nehmen, kommen Sie ja zu nichts anderem. Und lernen tun sie es auch nie.

Zusammenfassung

Vertrauen Sie Ihren Mitarbeitern. Geben Sie Verantwortung ab. Wenn Sie das tun, müssen Sie unbedingt darauf achten, dass alle drei Grundbedingungen für die erfolgreiche Übernahme von Verantwortung gegeben sind:

- Wollen
- Können
- Dürfen

Sie können den ersten Punkt durch Ansprechen der entsprechenden Grundmotivation unterstützen. Beim zweiten Punkt liegt es in Ihrer Verantwortung, die Mitarbeiter entsprechend zu schulen oder schulen zu lassen. Für den dritten

Punkt gilt: Trauen Sie Ihren Mitarbeitern etwas zu. Führen Sie Ihre Mitarbeiter an Aufgaben im Spannungsfeld zwischen Herausforderung und Fähigkeiten heran.

21

Fisch und Firmenkultur

Die Fisch-Prinzipien gehen von der ansteckenden Wirkung aus, die es hat, wenn der Einzelne sich ändert. Diese veränderte Einstellung wirkt sich auch auf andere, Kunden und Kollegen, aus. Und das ist natürlich ein ganz großer Vorteil dieser einfachen Prinzipien. Zwei oder drei Mitarbeiter können den Anfang – und den Unterschied – machen. Am besten Sie selbst. Fangen Sie an und seien Sie der Erste, der seine Einstellung ändert. Sie brauchen kein Seminar. Kopieren Sie nicht Pike Place Fish. Es reicht zu wissen, dass es den Fischmarkt und die Jungs dort gibt. Und dass deren Vision dort Wirklichkeit geworden ist.

Die entscheidende Frage ist: Kann man diese Philosophie auf andere Unternehmen übertragen? Und wenn ja, wie macht man das? Ist das, was die Jungs dort machen, diese ritualisierten Prinzipien, Spaß zu haben und Freude zu bereiten, auch woanders möglich? In Seattle ist der erste Starbucks entstanden. Der erste Laden ist keine 100 Meter vom Pike Place entfernt. Vielleicht herrscht ja dort eine ganz besondere Gründer-Atmosphäre und in Deutschland, wo wir unsere Lebensfreude und unsere Offenheit gegenüber Neuem mehr so nach innen leben, funktioniert das gar nicht? Es ist überall möglich, Spaß zu haben. Sogar auf der Arbeit. Ein Beispiel aus der Praxis meines großartigen Schweizer Trainerkollegen Virgil Schmid sind die Migros-Lebensmittelläden in der Schweiz. Wussten Sie, dass die Schweizer hervorragende Karnevalisten sind? Die haben dort im Laden Karneval gefeiert und die besten Ideen haben die Mitarbeiter selbst entwickelt. Eine Mitarbeiterin hatte genug von diesen dürren Models. Die ist deshalb mal als Miss Molly gekommen. Die hat die Herzen der Kunden sofort gewonnen. Dann war da dieser Getränkeladen. Die haben sich gesagt, wir bedanken uns ab sofort für jeden Einkauf: „Vielen Dank für Ihren Einkauf", und dann gibt die Verkäuferin dem Kunden die Hand. Auch wenn die Kunden erst mal überrascht sind: Es kommt gut an. Bei der nächsten Idee ging es darum, dass man gesagt hat: Wir haben alle hier unser Namensschild als Verkäufer. Ab sofort geben wir dem Kunden, wenn der in unser Lebensmittelgeschäft kommt, auch ein Namensschild, damit wir den Kunden überall mit Namen ansprechen können. „Frau Müller, was kann ich denn heute für Sie tun?" „Frau Hüpenbecker, was darf es sein?" Und die Kunden finden das natürlich toll. Da entsteht eine großartige Geschichte.

Jeder kennt die Expresskasse. Bis zu sieben Teile und schnell, schnell weiter. Die haben allerdings eine Bummlerkasse gebaut. Eine Kasse, an der sich die Kunden Zeit lassen können, an der es auch ein kleines Schwätzchen gibt zur Not. Und das – ich sag's Ihnen – kommt an.

Ich gebe Ihnen noch ein Beispiel, ein Spielkasino in der Schweiz. Die Techniker, die gerufen werden, wenn wieder einer von den Automaten-Spielern vor einem defekten Spielautomaten sitzt, den er vorher richtig gefüttert hat, haben einen Arztkittel an und ein Stethoskop um. Die Techniker haben den Spaß auch bitter nötig. Denn wenn so ein Automat während des Spiels ausfällt, dann hat der Zocker aber mal richtigen Diskussionsbedarf. Bevor der Apparat geöffnet wurde, hatten die Mitarbeiter des Kasinos immer erst mal eine Viertelstunde richtig Stress. Das war weder für die Mitarbeiter schön noch für das Unternehmen selbst. Bei den Technikern hatten die nämlich eine unglaublich hohe Fluktuation. Jetzt haben sich die – ganz nach der Fisch-Philosophie, Arbeit als Spiel zu sehen – einen Arztkittel angezogen und ein Stethoskop umgehängt. Wenn sie zum kaputten Gerät laufen und der Kunde setzt zum Anschiss an, sagen die Techniker „Moment!" und hören erst mal das Gerät ab. Danach diagnostizieren sie „kaputt!" – Der Kunde muss lachen ob der offensichtlichen Diagnose. Und die Stimmung ist jetzt gleich eine andere. Versuchen sie mal, wieder böse zu werden, wenn Sie gerade gelacht oder zumindest geschmunzelt haben. Geht nicht. Der Stressfaktor ist dramatisch runtergegangen. Die haben wieder richtig Spaß an ihrem Job.

Man kann spielerische Umfelder schaffen, in denen die Mitarbeiter hochmotiviert und gerne zur Arbeit gehen. Messbar ist das auch bei Google in der Schweiz. Die haben dort Einrichtungen mit Billard und Tischkicker und eine Espressobar im Hintergrund, und wenn man dort in die Mittagspause geht, muss man sich entscheiden, nehme ich die Rutsche oder die Feuerwehrleiter? Sie sehen in diesen Projekten unfassbar viel Kreativität. Kreativität, die in den Menschen, in diesen tatsächlich leistungsbereiten Menschen, schlummert. Wir müssen nur die Möglichkeit nutzen, diese Kreativität aus den Menschen rauszuholen. Und so geht das:

Arbeit als Spiel

Nein, Sie sollen Ihren Job nicht als Klamauk betrachten. Und nee, Sie sollen jetzt nicht anfangen, Fische durch die Gegend zu werfen. Es sei denn, Sie arbeiten als Fischverkäufer. Sie und Ihr Team sollen Ihre Arbeit weiterhin ernst nehmen. Wir erinnern uns dabei an das Beispiel der morgendlichen Auftritte von Boss Yokoyama. Aber Sie sollen mit Spaß und Freude an die Arbeit gehen. Wenn Sie die Dinge schon tun müssen, dann können Sie die genauso gut mit Spaß machen. Machen Sie sich mal locker.

Lassen Sie spielerische Elemente in Ihren Arbeitsalltag herein. Und ja, machen Sie einfach auch mal Blödsinn zwischendrin im Umgang mit dem Kunden. Wenn das was mit der Ware, mit der Dienstleistung zu tun hat, umso besser. Und das funktioniert in allen Branchen. Sogar im

Bestattungsunternehmen. Machen Sie mal zwei Tage Praktikum bei denen. Sie werden schnell merken, dass das auch ein ganz fideler Haufen ist.

Ich habe in einem Seminar mal drei Krankenschwestern als Teilnehmerinnen gehabt, die haben in einem Südtiroler Krankenhaus auf der Intensivstation gearbeitet. Die drei hatten richtig Spaß in ihrem Leben. Also was die in ihrem Arbeitsalltag erleben, ist tatsächlich bedrückend. Aber gerade deshalb schufen sie sich ein Umfeld, natürlich in den Phasen, in denen sie nichts mit trauernden Angehörigen zu tun hatten, in dem eine neue Form von Witz und Humor in ihr Leben Einzug halten konnte. Eine, die vor dieser Berufswahl nicht da war, wie Sarkasmus und Ironie. Also die haben unglaublich viel Spaß und lachen sehr viel und haben sich eine ganz bestimmte Art erarbeitet. Gleichzeitig machen alle drei ihren Beruf mit unglaublich viel Liebe und Hingabe. Sie retten ja schließlich auch Leben. Das schaffen sie nicht immer, das ist so auf der Intensivstation. Damit muss man dann irgendwann zurechtkommen. Beim Beerdigungsinstitut ist Geschäftssinn und -zweck, die Menschen, die es eben nicht geschafft haben, in einem würdevollen Rahmen unter die Erde zu kriegen. An den Fakten ist nichts zu ändern. Aber wenn Sie sich die Typen mal anschauen, wenn keine Trauernden um sie herum sind, dann ist es nicht so, dass die mit einem Taschentuch unter dem Auge heulend neben dem Sarg stehen, sondern die haben tatsächlich Spaß und Freude an ihrer Arbeit. Und es ist ja auch tatsächlich eine große Genugtuung, dass am Ende eine Trauerfeier würdevoll und schön abgelaufen ist und man den Trauernden durch seine Fachkenntnisse und Kompetenz eben auch helfen konnte, über die schweren Stunden hinwegzukommen. Ja dass sie vielleicht sogar am Ende noch etwas Nettes und Positives daraus mitnehmen. Eine schöne Erinnerung zum als Beispiel, falls Sie sich fragen, was das denn sein könnte. Das ist ein hohes Motiv und ein starker Antreiber. Die haben ganz sicher ihre spielerischen Rituale, wie sie mit bestimmten Dingen umgehen. Und in einer spielerischen Atmosphäre arbeitet es sich einfach besser. Die Produktivität und der kreative Output sind um einiges höher. Dafür sinken die Fluktuation und der Krankenstand.

Von Google lernen heißt siegen lernen. Und die haben – wie beschrieben – ein richtiges Spielzimmer für ihre Mitarbeiter eingerichtet.

Auch klar, dass Kunden gerne zu gut gelaunten Menschen kommen. Wir sind damit wieder ganz am Anfang des Buches angekommen. Warum gehen die Menschen in aller Herrgottsfrühe am Sonntag auf den Markt? Weil die Stimmung gut ist, weil da was los ist. Außerdem werden Kunden von zufriedenen, vielleicht gar von glücklichen Mitarbeitern einfach besser behandelt.

Und das merken die sich. Wirklich.

Was können Sie für so eine spielerische Atmosphäre tun?

- Wie wäre es mit etwas mehr Farbe, mit Postern oder Pflanzen?
- Ganz simpel: Erzählen Sie sich Witze.
- Spielen Sie in der Mittagspause irgendwas gemeinsam.

- Richten Sie eine Spielzone ein, stellen Sie einen Kicker auf den Flur oder eine Playstation zum Zocken zur Verfügung.
- Führen Sie Kreativitätsmeetings durch.

Seien Sie präsent

Sie haben vier Projekte und drei Kommunikationskanäle gleichzeitig im Auge. Und im Ohr. Und trotzdem sollen Sie in der oft frustrierenden Hektik des Berufsalltags dem, was Sie gerade in diesem Moment tun, Ihre ungeteilte Aufmerksamkeit schenken. Von allen beschriebenen Prinzipien ist dieses hier vielleicht das am schwersten umzusetzende. Multitasking ist eine Anforderung, die vielleicht sogar bewusst an Sie gestellt wurde. Und die Sie auch an Ihre Mitarbeiter stellen. Sich hier zurückzunehmen erfordert tatsächlich eine Menge Umdenken. Auf der anderen Seite ist Präsenz gerade im Verkauf eine Selbstverständlichkeit beziehungsweise sollte eine Selbstverständlichkeit sein. Nichts ist zum Beispiel schlimmer, als während eines Verkaufsgesprächs mit den Worten „Kleinen Moment bitte" ans Telefon zu gehen und den Kunden, der bereits im Geschäft ist, abzuwerten und stehen zu lassen wie bestellt und nicht abgeholt. Ungeteilte Aufmerksamkeit erhöht die Motivation bei Ihnen, beim Mitarbeiter und beim Kunden. Sie zeigen, dass Sie Ihr Gegenüber wertschätzen, es ernst nehmen mit seinem Anliegen. Egal ob Gesprächswunsch oder Kaufabsicht. Wie kommen Sie raus aus der Tretmühle? Atmen Sie einfach mal ruhig durch.

Beruhigen Sie sich im wahrsten Sinne des Wortes und fragen Sie sich:

- Wie geht es Ihnen in diesem Moment und in dieser Situation?
- Was denken Sie? Was fühlen Sie?
- Worauf konzentrieren Sie sich gerade? Auf wie viele Dinge? Auf wie viele Menschen?
- Was tun Sie gerade? Wie tun Sie es? Gehen Ihnen bereits andere Sachen durch den Kopf, die Sie noch erledigen müssten?
- Wie können Sie es schaffen, Ihre Konzentration auf eines auszurichten? Wie können Sie Ihr Präsent-Sein im Kontakt mit anderen erhöhen?

Gehen Sie in kleinen Erkenntnisschritten vor. Beginnen Sie wie bei nahezu allen Dingen, die in diesem Buch beschrieben sind, erst einmal bei sich selbst. Schenken Sie sich was. Nämlich Aufmerksamkeit für Ihre eigenen Gedanken und Gefühle. Ach, und eine Sache noch: Bevor Sie das nächste Mal hektisch zum Telefon greifen, warten Sie einfach eine, zwei, drei, vier Sekunden.

Wählen Sie Ihre Einstellung

Ja, das ist natürlich nicht wirklich schön, dass Sie gerade heute diesen Termin reingedrückt bekommen haben. Ich verstehe, dass das nervig sein kann, zum vierten Mal vor dem Kunden zu präsentieren. Aber: Erstens könnte es

Montagmorgen im Januar an einem eisigkalten Fischverkaufsstand sein und zweitens: Sie haben immer die Wahl, wie Sie Ihre Arbeit machen wollen, und zwar auch dann, wenn Sie sich Ihre Arbeit nicht selbst aussuchen können. Das ist der entscheidende Denkansatz: Ist doch klar, dass es immer wieder Aufgaben oder Vorgaben geben wird, die Ihnen weniger Begeisterung entlocken als andere. Aber Ihre Einstellung dazu prägt Ihr Verhalten. Finden Sie Ihre Aufgabe langweilig, werden Sie diese Aufgabe mit eher wenig Elan durchführen. Vielleicht reicht es ja sogar, den Job morgen zu machen?

Achten Sie auf Ihre Einstellung. Und zwar gegenüber

- Ihrer Arbeit, Ihren Aufgaben und Projekten
- Ihren Mitarbeitern
- Ihren Vorgesetzten, Kollegen und der Geschäftsleitung
- Ihren Kunden, Lieferanten, Zulieferern

Fragen Sie sich mal:

- Hilft Ihre Einstellung dabei, motiviert Ihre Arbeit zu verrichten?
- Passt Ihre Einstellung zu Ihrer Rolle als Führungskraft oder als Teammitglied?
- Schaffen Sie mit Ihrer Einstellung ein Verhalten, das Vertrauen, Zuversicht und Motivation bei Ihnen selbst und in Ihrer Umgebung erzeugt?

Können Sie eine oder mehrere Fragen nur negativ beantworten, sollten Sie Ihre Einstellung ändern – und zwar sofort. Sie entscheiden sich bewusst – jeden Tag –, welche Einstellung Sie mit zur Arbeit bringen und wie Sie Ihr Leben angehen wollen. Und wie geht das?

Jeder Mensch hat bestimmte Einstellungen. Die Grundmotivationen, die diese Einstellungen beeinflussen, sind wir bereits durchgegangen. Die müssen jetzt schon bei Ihnen sitzen. Das sind nämlich die Dinge in Ihrem Wesen, die die Art und Weise beeinflussen, wie und wonach Sie Entscheidungen treffen.

Die entscheidende Frage für uns und beim Thema Motivation ist aber die, ob Sie mit Ihrer Einstellung zufrieden sind und ob sie Ihnen hilft, Ihre Ziele zu erreichen. Die gute Sache vorweg: Sie können an Ihrer Einstellung arbeiten. Sie können sie sogar ändern. Und der Erfolg der Fisch-Philosophie vom Pike-Place-Fischmarkt beruht genau darauf, dass sie eine ganz einfache Erkenntnis erklärt, die dem Großteil der Menschen aber einfach nicht bewusst ist. Die Masse der Menschen glaubt nämlich, diese ihnen gegebene Einstellung sei so, wie sie ist, und nicht veränderbar. Und jetzt kommen dort ein paar Fischverkäufer und sagen: „Nö, du kannst das wählen. Du kannst jeden Morgen neu entscheiden." Das heißt, der entscheidende Begriff beim Wählen der eigenen Einstellung ist der Begriff „wählen". Ich entscheide mich morgens, das Beste aus diesem Tag mitzunehmen und für mich einen Tag der Freude zu schaffen. Und wenn ich diese Entscheidung getroffen habe und mit diesem Willen in den Tag gehe und ich auch weiß, dass mir das guttut, weil ich die entsprechenden Erfahrungen bereits gemacht habe, dann können mir trotzdem Dinge passieren, die mich frustrieren, die nicht schön sind. Aber: Ich erinnere mich an das, was ich morgens beschlossen habe, und sage mir: „Okay, ich nehme das jetzt nicht als niederschmetterndes Ereignis wahr, sondern als eine Landmarke, aus der ich bereit bin, etwas zu lernen." Das klingt zwar platt, hilft aber ungemein. „Wählen können" ist also das Entscheidende an dieser Philosophie. Wenn ich als Verkäufer an diesen Fischstand gehe und ich ziehe eine Flappe und ich habe gar keine Lust auf die nervigen Leute, dann werde ich keinen Erfolg haben. Also nicht als Fischverkäufer zumindest. Ich muss mir also entweder ein Umfeld schaffen oder ich muss mich meinem Umfeld so anpassen, mit möglichst viel Freude, dass mein Geschäft auch ein Erfolg wird. Und dass die Ware am Ende des Tages weg ist.

Bereiten Sie anderen Menschen eine Freude

Beziehen Sie Ihre Kunden in Ihren spielerischen Umgang mit ein. Lassen Sie sie Teil der Show werden. Wenn Sie anderen Menschen Freude bereiten wollen, stellt sich Ihr Fokus ganz von allein auf das Gegenüber ein. Egal, ob Kollege, Mitarbeiter, Vorgesetzter oder Kunde. Es ist einfach: Lächeln Sie einfach mehr. Kostet gar nichts, steckt an und bereitet Freude. Achten Sie mal auf die Reaktionen Ihrer Umgebung.

Was steht Ihnen sonst noch zur Verfügung? Überlegen Sie:

- Wie können Sie anderen eine Freude bereiten?
- Welche Vision einer Abteilung, die sich gegenseitig und den Kunden Freude bereitet, haben Sie und das Team?
- Welche Maßnahmen werden dafür schon jetzt praktiziert? Wie könnten diese optimiert und verstärkt werden?
- In welchen Bereichen stehen Hindernisse im Weg? Welcher Art sind diese? Wie könnten Sie diese umwandeln?
- Auf welche Kompetenzen und auf welches Wissen können Sie zurückgreifen, um anderen eine Freude zu bereiten?

„Freude bereiten" ist dabei übrigens bereits eine gewählte Einstellung. Dadurch, dass Sie sich täglich neu dafür entscheiden, lassen Sie es zu einem täglichen Selbstverständnis Ihres Arbeitslebens werden. Anderen eine Freude bereiten ist allerdings auch ein erfolgreiches Geschäftsprinzip. Jemand kauft etwas. Nüchtern betrachtet kauft jemand ein Kleid. Dieses Kleid von einer bestimmten Marke und aus einem bestimmten Stoff in einer bestimmten Farbe hat seinen Preis. Und dieser Preis ist eine Notwendigkeit, die sich aus der Herstellung, der Logistik und der Werbung für das Kleid ergibt. Ich muss, wenn ich es haben will, wenn ich es benötige, Geld dafür ausgeben. Das ist an sich ein Vorgang, der gar keine Freude bereitet. Habe ich aber die Verkäuferin zu dem Kleid, die sagt: „Passen Sie auf: Ich hab etwas, das ist Ihnen, glaube ich, auf den Leib geschneidert, das passt zu Ihrem Wesen und zu Ihrer Art." Und dann probiert die Kundin es an und sie bekommt Komplimente, und auf einmal wird dieses Kleid schön. Und während die Kundin vorher vielleicht beim sachlichen Vorgang angefangen hätte, über den Preis zu diskutieren, ist in dem Moment, wo ihr von der Verkäuferin klargemacht wird, dass dieses Kleid etwas ganz Tolles ist, etwas, was ihr Leben bereichern wird und mit dem sie endlich den Mann ihrer Träume kennenlernt, ihr Leben ganz allgemein schöner und toller … Wenn das Kleid auf einmal mit diesen Emotionen verbunden ist, ist der Preis völlig egal. Und was tut die Verkäuferin, wenn sie diese Komplimente macht? Sie macht der Kundin eine Freude.

Freude bereiten ist einfach ein gutes Geschäftsprinzip. Die Fischverkäufer vom Pike Place Fish Market genauso wie die Verkäufer vom Hamburger Fischmarkt oder auch die Obstverkäufer oder was es da so alles gibt, die haben dieses Prinzip, „Ich mache anderen eine Freude", zu einem Ritual werden lassen.

Jetzt aufpassen: Denn an dieser Stelle wird die ganze Geschichte rund: Wenn Sie sich das kurzfristige Ziel setzen, solche Prinzipen in Ihr Leben zu lassen, wenn Sie „anderen Freude bereiten" zum Prinzip Ihres Geschäftslebens machen und Sie merken dann plötzlich, das funktioniert ja: „Dadurch, dass ich anderen Freude bereite, habe ich Freude und es kommt Freude zurück. Und dadurch wird sogar das Geschäft besser." Diese kurzfristigen positiven Erfahrungen führen dann dazu, dass daraus tatsächlich auch das mittelfristige Ziel wird, so was zu ritualisieren, oder dass es sogar in Ihre persönliche Vision übergeht: „Ich möchte den Rest meines Lebens Spaß haben bei meiner Arbeit." Das ist es, was ich vorher erklärt habe: Sich von einem kleinen Ziel zu einer Vision hocharbeiten.

Zusammenfassung

Es ist ganz leicht möglich, die Prinzipien der Bergquist-Methode auch in Ihrem Unternehmen umzusetzen. Lassen Sie spielerische Elemente in Ihren Arbeitsalltag herein. Seien Sie präsent in der Kommunikation mit Ihren Kunden und Mitarbeitern. Befreien Sie sich dazu in kleinen Schritten aus der Alltagshektik. Beruhigen Sie sich. Atmen Sie ruhig durch und schenken Sie zunächst sich selbst die nötige Aufmerksamkeit. Wählen Sie Ihre Einstellung. Sie ganz allein entscheiden, wie Sie Ihre Arbeit sehen wollen. Und fragen Sie sich: Hilft Ihnen Ihre aktuelle Einstellung dabei, Ihre Ziele zu erreichen? Ändern Sie Ihre Einstellung, wenn Sie das nicht bejahen können. Wählen Sie die Einstellung, anderen Menschen Freude zu bereiten. Anderen eine Freude zu bereiten ist ein erfolgreiches und mächtiges Geschäftsprinzip.

22

Es gibt noch
viel mehr zu tun

Zwei Dinge gibt es noch, die ich allen Unternehmern und Führungskräften mit auf den Weg geben will. Diese beiden Dinge sind nicht ganz leicht umzusetzen. Aber wenn Sie der Boss sind, der Boss der Bosse, dann können Sie auch an diesen Stellschrauben drehen. Mich fragen die Leute oft: „Herr Hansen, sagen Sie mal: Essen Sie privat eigentlich Fisch?" „Jo, wenn er nicht zu aufdringlich durch die Schweinehaxe vorschmeckt!" Liebe geht durch den Magen, und das gilt für jeden, der essen oder fressen muss. Bieten Sie einem Hund eine Wurst an oder ein Stück Hundefutter. Die Hunde, die ich kenne, bevorzugen das Fleischwaren-Facherzeugnis. Und da unterscheiden sie sich gar nicht so von mir. Derartiges Verwöhnen mit leckeren Lebensmitteln zieht eine bemerkenswerte Konsequenz nach sich. Die Hunde lieben den Wurstgeber. Und in diesem Fall sind Sie nun mal der Würstchen-, besser gesagt der Brötchengeber.

Worauf ich hinaus will ist: Es kommt ja nicht darauf an, dass Sie jeden Tag Weihnachten spielen und Ihre Firma in ein Schlaraffenland verwandeln, aber das Essen gehört zu den wichtigsten Rahmenbedingungen, mit denen man ein gutes Arbeitsklima schaffen kann. Lassen Sie mich folgendes Erlebnis aus der glamourösen Welt der nachmittäglichen Fernsehunterhaltung erzählen, um dies zu verdeutlichen:

Ich wurde neulich in eine große TV-Produktionsfirma gerufen, in der die Mitarbeiter unzufrieden waren, oft zu spät kamen, Rauchpausen verlängerten und in der die allgemeine Stimmung der eines verregneten Samstags auf dem Fischmarkt gleichkam. Aber selbst da ist sie besser. Es wurde an allen Ecken gestänkert, gemault, gemobbt und es roch nach Unzufriedenheit. Woran lag das? Ich wurde gebeten, mir das Unternehmen anzusehen. Die Herren von der Chefetage waren freundlich, machten einen guten Eindruck und strahlten die Kompetenz aus, die ich von einem gut geführten Unternehmen erwarte. Wissen Sie, wo man am meisten über ein Unternehmen erfährt? Beim Pförtner oder in der Raucherecke. Da der Pförtner keine attraktive junge Frau war, entschied ich mich für ein koffeinhaltiges Heißgetränk in der Raucherecke. Dort hörte ich nur „spät Drehschluss" und „gleich Mittag". Aber eines ließ mich dann doch aufhorchen. Beim Ausdrücken seiner Zigarette raunte der eine dem anderen so etwas zu wie: „… wird einem ja schlecht". Wenn ein Mitarbeiter Formulierungen bezüglich seines dysfunktionalen Magen-Darm-Trakts findet wie

„kommt mir hoch", „kann ich nicht bei mir behalten" oder „muss ich kotzen", sollte man dem nachgehen. Also nicht wortwörtlich natürlich.

„Möchten Sie mit uns zu Mittag essen, Herr Hansen?", fragte mich der Herstellungsleiter freundlich. Aber klar wollte ich das. Hätte ich doch lieber mal die Klappe gehalten. Als sich von geübter Schöpfkelle eines Mannes mit Kochschürze eine grünbraune, zähe Flüssigkeit mit kleinen braunen und roten Klumpen darin klatschend in meinen Suppenteller ergoss, wusste ich, was hier los war. Ich bin als Fischverkäufer einiges gewohnt, aber selbst ich habe Grenzen. Ich denke, das sollte Erbsensuppe sein, und ich denke weiterhin, dass mein Therapeut in Klaasens Eck-Kneipe das Trauma mit mir aufarbeiten können wird. Aber die Firma wird etwas ändern müssen. Hier gab es soweit ich sah keinen Fisch, der vom Kopf her angefangen hätte zu stinken, sondern hier kam der Gestank aus der Küche gekrochen und hat die Atmosphäre versaut.

Leute, schon mal was von dem Spruch „Liebe geht durch den Magen" gehört? Das trifft auf Mitarbeiter genauso zu wie auf unsere Privatkontakte. Womit, denken Sie, lande ich bei einer hübschen Frau? Wenn ich ihr Canard à l'orange an Rotweinsoße lächelnd vors Dekolleté platziere oder wenn ich ihr ein altes Butterbrot vor die Füße werfe? Gutes Essen für Ihre Mitarbeiter ist eine ausgezeichnete Investition in die Zukunft. Die Mitarbeiter fühlen sich geschätzt und sie verbringen weniger Zeit mit Jammern und auf der Toilette als mit produktivem, motivierten Arbeiten. Der wahre Spruch „Mit Speck fängt man Mäuse" bekommt hier eine ganz neue Bedeutung: Sie fangen langfristig tatsächlich „Mäuse", nämlich die, mit denen Sie Ihr neues Auto bezahlen werden.

Positives Raumklima

So, nehmen wir mal an, der Magen ist gefüllt mit einem leckeren Cocktail an Vitaminen, Eiweiß und Kohlenhydraten, die unsere Mitarbeiter – ganz nach der Reziprozitätsregel (Wer gibt, dem wird gegeben!) – motivieren, ihr Bestes zu geben. Woran könnte schlechte Stimmung noch liegen? Sehen Sie sich um. Wie sieht Ihr Büro aus? Ist es ansprechend, gemütlich? Sitzen Sie auf einem weichen Ledersessel und wippen gerade leicht vor und zurück? Die Raumtemperatur ist angenehm, nicht zu kalt, nicht zu warm? Es geht Ihnen richtig gut? Oder sitzen Sie gerade auf einem Metallstuhl, wie man sie am Bahnhof findet, bei dem durch die Sitzfläche jedes Lüftchen Ihren Po mit einem kalten Schauer erschreckt? Kennen Sie das wohlige Gefühl, wenn Sie im Winter aus der Eiseskälte in einen gut beheizten Raum treten, die Muskulatur sich entspannt, die Schultern sich von den Ohren auf Normalniveau senken und Sie langsam auch die Zehen wieder spüren? Oder kennen Sie das Gefühl, wenn Sie bei einer Außentemperatur von 36 Grad im verschwitzten Hemd endlich die Tür zu dem klimatisierten Büro öffnen? Gibt es etwas Produktiveres als glückliche, temperaturausgeglichene Mitarbeiter? Umgekehrt natürlich auch: Schauen Sie in die Gesichter derjenigen Kollegen, denen im Sommer das Hemd am Körper klebt wie eine zweite Haut.

Das sieht nicht gut aus, das fühlt sich nicht gut an. Riecht auch meist nicht gut. Wenn die aus ihrem aufgeheizten Glaskasten an die Luft kommen, was Sie dann in deren Gesichtern lesen: Das ist das Glück!

Nun kann sich nicht jede Firma eine Hightech-Klimaanlage leisten, das sehe ich ein. Heizöl im Winter ist teuer, das sehe ich auch ein. Überlegen Sie dennoch, wo die richtigen Stellen sind, an denen gespart werden kann. Hitzefrei gibt es nun mal nicht im harten Business da draußen, aber ein schwitzender Fisch ist kein guter Fisch, das dürften sogar Sie als Laie wissen. Und ein gefrorener Fisch ist übrigens naturgemäß tot und kann nichts mehr leisten.

Ein Raum zum Glück

Ich besuchte einmal eine Firma in Nürnberg, die Designermöbel verkauft. Der Geschäftsführer, Herr Haas, gab mir eine Führung durch die Firma. In den oberen Stockwerken saßen die Mitarbeiter, in den unteren war die Ausstellung. Tolle Möbel, das sag' ich Ihnen. Ich wurde freundlich und mit Namen begrüßt und wurde gleich in eine Art „Get together"-Raum geführt. Nachdem wir einen Kaffee getrunken hatten, fuhren wir mit dem Aufzug nach oben. Überall saßen konzentrierte Mitarbeiter, die uns nur kurz zunickten und sich dann wieder ihrer Arbeit zuwandten. Ein Assistent erschien und fragte, ob alles in Ordnung sei. Oh ja. Das war es. Im Weiteren begriff ich zunehmend, worin das Geheimnis dieser entspannten und konzentrierten Stimmung lag. Es war das Gefühl, dass sich hier jemand wirklich

Gedanken macht, wie er eine angenehme Atmosphäre schaffen könnte. Herr Haas öffnete eine Tür und als ich hineingehen wollte, hielt er mich freundlich zurück: „Sie müssten Ihr Handy bitte hier ablegen. In diesem Raum sind keine elektronischen Geräte erlaubt." In dem Raum standen unterschiedlich designte Stühle um einen niedrigen, runden Tisch und an der Wand waren Symbole, die Ruhe ausstrahlten und ein bisschen an einen kleinen Tempel erinnerten. „Wir halten hier Besprechungen ab, sind kreativ und jeder darf in diesem Raum seine Meinung und seine Ideen vortragen. Keine Störung durch Anrufe, durch Mails oder andere Faktoren."

Als wir den Raum verließen, führte er mich zu einem kleinen Raum, in dem die Wände mit weißem Plüschteppich behangen waren. Wie vertikale Wolken. Der Boden war weich und angenehm. In der Mitte des Raumes befand sich ein ovaler zweiter Raum mit einem Vorhang anstelle einer Tür. Dahinter, und jetzt halten Sie sich fest und lassen das Buch nicht fallen, befand sich eine große, vollelektrische Massageliege! Ich nahm Platz und eine leise, sanfte Musik begann. Herr Haas räusperte sich nach fünf Minuten, in denen ich nichts mehr gesagt hatte: „Ähm, ich komm dann in zehn Minuten wieder", aber ich hörte ihn schon gar nicht mehr, sondern gab dem Drang meines Körpers, den Akku aufzuladen, nach. Nach 15 Minuten erhob ich mich erfrischt von der Liege und strahlte übers ganze Gesicht. So leicht kann man einen Fischverkäufer glücklich machen. Herr Haas erklärte sein Konzept: „Jeder meiner Mitarbeiter darf so lange und so oft auf die Liege, wie er will. Wissen Sie, ich vertraue meinen Mitarbeitern und das wissen die auch. Sie können entscheiden: Lieber eine Viertelstunde Massage, schöne Musik und Ruhe oder in der gleichen Zeit Facebook oder Angry Birds spielen." „Und was ist, wenn sie es übertreiben?" Herr Haas zuckte mit den Schultern: „Das hat noch nie jemand getan." Ich hab Herrn Haas dann gefragt, warum er mich denn gerufen hätte. Er sagte: „Ich möchte meinen Mitarbeitern die Möglichkeit geben, jemanden kennenzulernen, der ihnen eine gute Orientierung gibt." Ich reiche ihm die Hand und verabschiedete mich: „Ich bedanke mich sehr für Ihr Vertrauen, aber ich glaube, den haben sie schon gefunden."

Zusammenfassung

Schaffen Sie eine angenehme Arbeitsatmosphäre für Ihre Mitarbeiter. Sorgen Sie für die passenden räumlichen und klimatischen Rahmenbedingungen für einen motivierten Arbeitstag. Auch mit solchen Maßnahmen zeigen Sie die Wertschätzung, die Sie Ihren Mitarbeitern entgegenbringen. Aber Achtung: In einer autoritär geprägten Top-to-Bottom-Unternehmenskultur verpuffen diese hohen Investitionen. Sie sollten nicht mit baulichen Maßnahmen beginnen, bevor Sie nicht die aus gutem Grund zuerst aufgeführten Maßnahmen ergriffen haben. Die sind außerdem günstiger.

23

Exkurs:
Spielend verkaufen

Ordentlich inspiriert von den vorherigen Kapiteln wollen Sie jetzt in die Praxis gehen. Denn marketingorientierter Charakter hin oder her: Ich weiß, Sie lesen dieses Buch zwar hoffentlich mit, aber nicht zum Spaß. John Yokoyama hat natürlich völlig recht mit seinem Credo, dass zuerst mal das Geschäft stimmen muss. Ich weiß das, Sie wissen das: Die Kohle muss ran. Und natürlich sind motivierte Mitarbeiter leistungsbereiter und erfolgreicher. Aber das Potenzial, das in diesen Prinzipien für Ihr Geschäft steckt, ist noch viel größer. Besonders das spielerische Element im Verkauf wird unterschätzt. Ich habe einige Beispiele bereits kurz angerissen. Der hochgeschätzte Kollege Virgil Schmid hat zahlreiche Trainings mit Unternehmen durchgeführt und die Firmen inspiriert, die Philosophie der Fischverkäufer vom Pike Place Fish Market in ihrem eigenen Unternehmen umzusetzen.[1] Und von ihm stammen auch die allermeisten Beispiele in diesem und dem nächsten Kapitel zum Thema: Spielend verkaufen und die passenden Ideen finden.

Wenn Sie spielen müssen, damit die Zahlen stimmen, dann wird eben gespielt. Und deshalb setzen ab morgen alle Mitarbeiter große rote Clownsnasen auf. Das wird lustig. Nein, wird es nicht. Es wird genauso schiefgehen wie die diktierte Unternehmensvision, das Einschwören der Mitarbeiter in deutschen Walmarts oder der 185-seitige Social-Media-Guide. Wenn Sie in den Augen Ihrer Mitarbeiter kein „Der spinnt wohl" lesen wollen, müssen Sie sie mit einbeziehen. Der Befehl „Ab jetzt sind wir alle lustig" funktioniert nicht.

Die Voraussetzungen

Spielen bedeutet, Neues zu wagen. Auch mal etwas auszuprobieren. Und es birgt das Risiko, sich auch mal richtig zu blamieren, auf alle Fälle aber „sich als Person zu exponieren". Denken Sie mal zurück an die großen Erfolge von „Nilpferd in der Achterbahn", „Tabu" oder ähnlichen Spielen. Vielleicht haben Sie an dem einen oder anderen fröhlichen Abend im Kreis Ihrer Freunde pantomimisch „Plattentektonik" darstellen müssen oder mussten Franz Josef Strauß spielen. Man exponiert sich an solchen Abenden sehr. Man macht sich richtig zum Affen. Aber das ist okay. Weil es nämlich im vertrauten Kreis geschieht. Und genauso

1) Virgil Schmid: *Spielend verkaufen*, München 2013.

222

muss es auch im Unternehmen sein. Um spielerische Elemente umzusetzen, braucht es eine Atmosphäre des gegenseitigen Vertrauens und der Sicherheit. Mitarbeiter, die nicht wissen, ob sie morgen oder übermorgen noch in den Betrieb oder zum Jobcenter gehen, haben keine Lust zu spielen. Wen der Frust oder der Dauerstress aufreibt, der kann sich nicht eben auf Befehl locker machen. Gerade im Verkauf ist aber ein gutes Arbeitsklima wichtig. Weil es sich im Guten wie im Schlechten überträgt. Mitarbeiter behandeln die Kunden genauso, wie sie selbst von ihren Führungskräften behandelt werden.

Das heißt umgekehrt: Sie sind als Führungskraft für die Schaffung der Rahmenbedingungen verantwortlich, unter denen Ihre Mitarbeiter mit Freude zur Arbeit kommen. Und bereit sind, sich auf spielerische Elemente einzulassen.

Sie sind der Spielleiter und dafür verantwortlich, dass das Spielbrett korrekt aufgebaut ist. Also bauen Sie es korrekt auf und schaffen Sie eine spielfreudige Unternehmenskultur. Das berühmteste Beispiel ist die von Stephen C. Lundin im Motivationsbestseller „Fish!"[2] erzählte Geschichte von Mary Jane Ramirez, die bei First Guarantee Financial, einem großen Finanzinstitut in Seattle, eine neue Stelle annahm und feststellen musste, dass die von ihr übernommene Abteilung im dritten Stock nicht nur einen beschissenen Ruf hatte, sondern auch tatsächlich beschissen arbeitete. Unpünktlichkeit, überhaupt kein Servicebewusstsein und

---

2) Stephen C. Lundin und Harry Paul John Christensen: *Fish!*, Berlin 2002, S.60.

tatsächliche Sabotage waren an der Tagesordnung. Der Anteil der aktiv unengagierten Mitarbeiter muss erschreckend hoch gewesen sein. In der Firma hießen die aus dem dritten Stock Zombies. Das waren die, die nur auf ihr Schmerzensgeld am Monatsende warteten. Die Abteilung trug bei den anderen Kollegen den schönen Beinamen „Giftmülldeponie". Alles in allem eine – sagen wir – unerfreuliche Situation für Mary Jane und für ihren Boss, der das Problem auf sie abwälzte. So! Und dann beschreibt das Buch, wie sie einen Verkäufer vom Pike-Place-Fischmarkt traf, und der erzählte ihr die Prinzipien, nach denen dort gearbeitet wird, weiter. Das wird zwar alles in einem Lore-Roman-Stil erzählt, der in Europa dazu führte, dass das Buch verrissen wurde. Aber das haben Sie bestimmt schon gemerkt, Stilistik und so was alles interessiert mich auch eher weniger. Mary Jane hat jedenfalls die komplette Abteilung von Anfang an eingebunden. Es gab eine Krisensitzung, in der sie die Situation der Abteilung im Klartext beschrieb. Interessanterweise hat dieser Darstellung auch niemand widersprochen. Die hatten schon noch den Blick dafür, dass es nicht rund lief. Sie hat dann verschiedene Teams gebildet. Und eins davon war das „Spiele-Team". Folgende Punkte zur Umsetzung eines spielerischen Arbeitsstils hat das Team erarbeitet:

- Aufhängen von Warnschildern mit der Aufschrift: SPIELPATZ – VORSICHT, ERWACHSENE KINDER
- Einführen eines Wettbewerbs „Witz des Monats"

- Mehr Farbe in den dritten Stock, unsere Arbeitsumgebung muss interessanter werden
- Pflanzen und ein Aquarium machen die Atmosphäre lebendiger
- Ab und zu besondere Aktionen, zum Beispiel Auftritt eines Komikers in der Mittagspause
- Kleine Lämpchen, die man einschalten kann, wenn einem ein Licht aufgegangen ist oder wenn es mal wieder Zeit ist, Pause zu machen
- Kreativitätskurse
- Einführung einer eigenen Kreativitätszone namens „Sandkiste"
- Gründung eines Spielkomitees als Dauereinrichtung, um laufend neue Ideen zu entwickeln

Das sind alles ziemlich leicht umzusetzende Dinge. Da ist jetzt auch nichts dabei, wo man nicht selbst drauf gekommen wäre. Und da kommt's auch gar nicht drauf an. Wichtig war: Die haben sich Gedanken gemacht. Die wollten das. Die haben das verinnerlicht. Und das Wichtigste: Es hat funktioniert. Die Abteilung hat sich zu einem Vorbild für die ganze Firma entwickelt.

Mary Jane Ramirez hat bei der beispielhaften Entwicklung eines spielerischen Arbeitsumfelds wichtige Punkte berücksichtigt: Sie war offen zu ihren Mitarbeitern: „Die anderen in der Firma hassen es, überhaupt mit uns zu tun zu haben. […] Sie verspotten uns in den Gängen. Und sie haben recht." [3]

---

3) Stephen C. Lundin und Harry Paul John Christensen: *Fish!*, Berlin 2002, S.100.

Im Originalbeispiel war das Teil einer Ansprache an die Mitarbeiter. Sie hat ihre Mitarbeiter aktiv eingebunden. Sie hat Teams gebildet, die die Ideen selber ausgebildet haben. Sie war selbst bereit, etwas Neues auszuprobieren, und hat den entwickelten Ideen Raum zur Umsetzung gegeben. Denn das ist ja klar: Wenn Sie sich zu solchen Maßnahmen entschließen, dann müssen Sie sie zwingend umsetzen. Alles andere würde sich so demotivierend auswirken, dass das Potenzial der Mitarbeiter und ihre Bereitschaft mitzuarbeiten auf lange Zeit verbrannt wären.

Aber wie übertragen Sie das Prinzip auf Ihr Unternehmen? Gehen wir davon aus, dass Ihre Mitarbeiter bereit sind. Sie sind motiviert, sie sind offen, die Atmosphäre stimmt. Dann haben Sie schon viel geschafft. Aber wir fassen das spielerische Element noch weiter. Ich sage ja immer, einer guten Idee ist es scheißegal, wer sie gehabt hat, und deshalb schauen wir uns mit offenen Augen auf dem Markt der Möglichkeiten und Ideen um.

Spielerische Warenpräsentation

Stichwort Monkfish. Das wäre zum Beispiel eine spielerische Warenpräsentation. Und die wird immer wichtiger. Denn der stationäre Handel verliert Jahr für Jahr gewaltige Marktanteile an den Online-Handel. Die EU rechnet mit einer Verdopplung des aktuellen europäischen Online-Absatzes bis 2015, freute sich im Februar 2012 das Fachportal onlinehaendler-news.de. Der Online-Handel ist ein mächtiger Feind des stationären Handels, das ist wahr. Aber Gott sei

Dank ist er nicht besonders aufregend. Er ist nur schnell und bequem. Und das bietet tatsächlich Raum, um zu kontern.

Der Konsument ist gut erforscht. Wir wissen, welche Richtung er im Supermarkt oder Warenhaus einschlägt, wohin der zuerst guckt. Wofür er bereit ist, in den dritten Stock zu fahren. Welche Artikel sollten neben welchen anderen Produkten stehen und in welcher Farbe sollten die Artikel ausgezeichnet sein? Die wissen alles, alles, alles. Und trotzdem gibt es noch Möglichkeiten der Optimierung. Wenn das nicht so wäre, wäre beispielsweise der Hamburger Fischmarkt Geschichte. Ist er aber nicht. Läuft echt gut. Dort werden nämlich Emotionen geboten. Das ist etwas, was auch der noch so gut gestaltete Webshop nicht kann. Der Fischmarkt bietet dagegen echtes Erlebnisshopping. Und zum Erlebnisshopping gehören auch die rauere Ansprache, die Witze, die wir, auch mal auf Kosten anderer, reißen, dazu gehören Begeisterung, Überraschung, Belustigung, Sympathie. Dazu gehören alle Dinge, die bewirken, dass wir uns gut fühlen. Dazu gehört eben ein echtes Erlebnis. Das Erlebnis ist per trockener Definition ein Ereignis im individuellen Leben eines Menschen, das sich vom Alltag des Erlebenden so sehr unterscheidet, dass es ihm lange im Gedächtnis bleibt. Unter einem positiven Erlebnis wird ein emotional verarbeitetes Ereignis verstanden, welches innere und äußere Vorgänge mit angenehmen Empfindungen verknüpft. Damit ist nicht der staubige Plastikweihnachtsbaum vom Vorjahr gemeint, der im November wieder in den Eingangsbereich gezerrt wird.

Hollister

Kennen Sie Hollister? Wenn nicht, ist ja nicht schlimm. Kannte ich auch nicht. Das ist in den USA so eine Art Über-H&M. Also ein Bekleidungsgeschäft. Eine Boutique. Da kommen Sie nicht so leicht rein wie zu C&A. Um zu wissen, was es dort gibt, müssen Sie aber rein. Die Schaufenster sind nämlich abgedunkelt. Die Aufmachung soll an einen Beachclub erinnern. Dann gibts da tatsächlich „Türsteher", zwei halbnackte muskulöse Beachboys nämlich. Das ganze Prozedere erinnert an die Einlasskontrolle eines exklusiven Nachtclubs. Schlange stehen vor der Tür gehört auch dazu. Im Laden selbst noch mehr Schönheit. Die Store-Models nämlich, die California-Feeling verbreiten. Die Sachen selber sind normale Jeans und T-Shirts. Was auch sonst. Aber: Da, in dieser Inszenierung des kalifornischen Traums, einkaufen zu können, dafür würden manche Teenies töten. Und das ganz besonders Seltsame daran ist: Die Sachen gibts natürlich auch im Online-Shop. Aber gerade die Generation, die absolut online-affin ist, die will da hin. Und wenn dann einer drin war, dann erzählt der das all seinen Freunden. Denn auch das ist Merkmal eines echten Erlebnisses, dass man damit angeben kann.

Jetzt sagen Sie vielleicht, dass das ein Erlebnis ist, auf das Ihre Kunden und Sie persönlich gerne verzichten könnten. Dann müssen wir die Definition eines Erlebnisses noch erweitern: Entscheidend ist die subjektive Einordnung und Bewertung des Ereignisses. Das heißt: Das Ganze muss selbstverständlich auf die Zielgruppe abgestimmt sein. Die Story, die erzählt wird, muss zur Zielgruppe passen. Ich muss da auch nicht rein. Aber ich sähe in so einem Shirt wohl auch reichlich deplatziert aus. Die Kids jedenfalls sind begeistert. Und darauf kommt es an. Virgil Schmid spricht von der Entwicklung vom „Point of Sale" zum „Point of Emotion".

Hollister spielt mit dem Klischee des endlosen Sommers. Das ist seine Story. Und darauf kommt es laut Schmid an: Wenn Sie Produkte im Angebot haben, um die sich eine Geschichte stricken lässt, dann erzählen Sie diese Geschichte. Er nennt inspirierende Beispiele, die ich Ihnen in eigenen Worten mehr oder weniger kurz und knapp wiedergebe:

Victoria's Secret

Am Fischmarkt kurz die Straße hoch, da haben die Deerns verruchtere Sachen an als das, was das amerikanische Unterwäsche-Label Victoria's Secret im Angebot hat: Also ganz ernsthaft finden Sie so was sicher auch bei Karstadt. Aber zu Karstadt gehen Sie zum Unterwäsche kaufen. Victoria's Secret verkauft weder Unterwäsche noch Dessous, sondern den Traum von Schönheit und Sexappeal. Aufwändig inszeniert auf dem Laufsteg und im Shop eingebettet in eine Atmosphäre, die mit viel rotem Samt und allem, was dazugehört, an gewisse Etablissements erinnern soll.

The Lost Forests

Das ist eine australische Spielwaren-Kette. Und die Geschichte, die sie erzählt, handelt von „Tony the Toymaker"

und einem Beutel magischer Samen, den er von seinem Groß-
vater geerbt hat. Der wiederum hat sie von einem der letzten fliegenden Schweine bekommen. Und mit denen kann
Tony in eine andere Welt. Sie merken das schon: recht kompliziert. Jedenfalls sitzen die Kuschel- und Plüschtiere da
nicht in Reih und Glied im Regal – „Eine große Giraffe?
Rechts den Gang runter, linkes Regal" –, sondern sind in
den Shops, die dem namensgebenden Wald nachempfunden
sind, in allen Ecken, Winkeln und Verstecken im wahrsten
Sinne des Wortes zu finden und zu entdecken. Und es gibt
viel zu entdecken. Da rennt keiner rein, zahlt und dann
schnell wieder raus. Dorthin zu fahren ist ein Familien-Event.

Nicht jeder Händler kann natürlich aus seinem Ladengeschäft einen Konzeptstore machen. Aber ein Schaufenster
gehört immer dazu. Und da kann man einiges machen.
Wie ist denn Ihres so? Bleiben die Leute stehen, studieren
sie die Auslagen? Oder schmunzelt mal einer, macht ein
Foto oder lacht sogar?

Kaufhaus Harrods

Zum 60-jährigen Thronjubiläum der Queen haben sich
Touristen und Einheimische an den Schaufenstern vom
berühmten Kaufhaus Harrods die Nasen plattgedrückt.
Die haben die Schaufenster rot ausgekleidet und nur kleine Sichtfenster offen gelassen. Dahinter, stilecht auf einem
Samtkissen und mit allem Drum und Dran, waren Kronen zu sehen, die 31 bekannte Designer entworfen hatten.

Ein Video der Aktion wurde dazu noch für die Online-Medien genutzt.

Kaufhaus Loeb

In Bern in der Schweiz gibt es das Kaufhaus Loeb. Die Schaufenster wurden bereits als Kleintierzoo, Ausstellungsräume oder als Zuschauerraum für ein Theaterstück genutzt, das dann draußen auf der Straße von Schauspielern zwischen den Passanten gespielt wurde. Höhepunkt der inzwischen zum Kult gewordenen „Schaufensterdekoration" war es, als eine echte Familie eine Woche lang im Schaufenster wohnte.

Das sind zugegebenermaßen Beispiele, die sich nicht jeder leisten kann. Aber sie zeigen, was sich alles verwirklichen lässt, wenn man spielerisch und offen an eine Aufgabe geht und sich nicht von vornherein Denkverbote auferlegt. Big Brother im Schaufenster? Was für eine Show. Und eine Show können Sie auch eine Nummer kleiner bieten. Was machen die weltberühmten Fischverkäufer, dieses Mal die vom Pike Place? Sie werfen Fische durch die Luft. Das ist der Kern, sie lachen dabei, flirten mit den Kunden, aber der echte Hingucker ist, dass sie Fische durch die Luft werfen. Zu den Kollegen, die diese dann gekonnt auffangen. Im Grunde ist es das. Und das machen Pizzabäcker auch. Die wirbeln den Teig nicht durch die Luft, damit er dünner wird und die Pizza besser schmeckt oder sie weniger Teig benötigen. Die machen das aus demselben Grund, aus dem manche

Barkeeper hinter dem Tresen mit ihren Flaschen jonglieren. Die machen Show wie Aale-Dieter.

Maison du Pain

Bei Maison du Pain, einer Bäckerei-Kette im Rhein-Main-Gebiet, müssen die Verkäufer kein Brot durch die Gegend werfen. Sie müssen auch sonst eigentlich nichts Spektakuläres machen. Sie müssen sich nur so anziehen, wie wir Deutsche denken, dass in Frankreich die Bäcker rumlaufen. Sie spielen Frankreich. Von den Produkten über die Einrichtung und die Hintergrundmusik aus französischen Chansons bis zur Arbeitskleidung des Verkaufspersonals transportiert Maison du Pain ein Bild von Frankreich in unsere Köpfe. Da ist das Brötchen natürlich etwas teurer. Aber den Kunden ist es das wert.

Bei Maison du Pain ist es eben ein bisschen anders. Und das gefällt uns Kunden. Ein anderer Bäcker aus dem nordrhein-westfälischen Ittenbach hat in seine Verkaufstheke einen großen Findling integriert. Ob der Stein jetzt tatsächlich „ein Sinnbild für solide Handwerksqualität" ist, wie die *Allgemeine Bäckerzeitung* schrieb, sei mal dahingestellt. Aber er ist ein Hingucker. Und die Kunden erzählen davon. Gestalten Sie Ihr Ladengeschäft und Ihre Dekoration erzählenswert! Wir erinnern uns daran, was ein Erlebnis ausmacht: Dazu gehören Begeisterung, Überraschung, Belustigung, Sympathie und es muss lange im Gedächtnis bleiben. Also fragen Sie sich: Was können Sie bieten? Was ist das Spektakuläre an Ihrem Angebot?

Globetrotter Megastore

Ein fantastisches Beispiel für Erlebnisshopping bietet der Globetrotter Megastore in Köln. Da gibt es ein Wasserbecken, eine Kühlkammer und eine Regendusche. Kunden können ihre Funktionsjacke, ihr Kajak oder ihre Outdoor-Schuhe vor Ort unter Live-Bedingungen testen. Nicht nur, dass das ein großartiger Service ist, diese Art der Produktinszenierung weckt auch unglaublich viele Emotionen und gibt dem Kunden schon beim Kauf einen kleinen Vorgeschmack auf das Abenteuer, das er mit seiner Neuerwerbung erleben will.

Kristallwelten

Die Inszenierung auf die Spitze getrieben hat ein anderes Unternehmen: Swarovski – das sind die mit diesen kleinen Kristallglasfiguren – hat in Wattens in Österreich einen Laden eröffnet, für den die Kunden Eintritt bezahlen. Natürlich ist das nicht irgendein Laden. Und der heißt auch nicht „Swarovskis Kristallglasfiguren", sondern der heißt „Kristallwelten". Die „Kristallwelten" sind eine Ausstellung rund um Glas und Kristalle. Der Aktionskünstler André Heller hat für den Außenbereich einen riesigen Kopf mit Glasaugen entworfen. Aus dem Mund strömt ein Wasserfall. Und das kostet zehn Euro Eintritt. Über zehn Millionen Besucher hatten die „Kristallwelten" seit Eröffnung. Und dass es die Figuren und alle anderen Swarovski-Produkte so ganz nebenbei dort auch zu kaufen gibt, ist ja wohl klar.

Jaaa, höre ich Sie sagen. Tolle Beispiele. Ich habe aber keine Millionen über, die ich in Kronen und Kristallköpfe investieren kann. Hein, hast du es auch eine Nummer kleiner? Erstens sollen Sie diese Beispiele nicht kopieren, sondern Sie sollen sich inspirieren lassen und sich im Idealfall mit Ihrem Team eigene Gedanken machen. Und zweitens: Sie können das Einkaufserlebnis mit ganz einfachen Dingen zu etwas ganz Besonderem machen. Machen Sie mal das Licht aus. Migros in Neumarkt hat das so gemacht und jedem Kunden zum Abendverkauf eine Kerze an die Hand gegeben, um sich im Laden zu orientieren. Echtes – und sehr erfolgreiches – Nightshopping. Investitionssumme waren die Kerzen und Papierhalter. Nightshopping ist an sich schon ein sehr guter und günstiger Weg, um die Spielregeln, nach denen der Verkauf normalerweise abläuft, zu brechen. Also ändern Sie die Regeln einfach mal. Denn darum geht es ja: Verblüffen Sie Ihre Kunden. Sorgen Sie für ein Erlebnis. Bringen Sie die Kunden zum Lachen und zum Staunen. Berühren Sie sie. Emotionen sind unsere wahren Antreiber. Nicht der kühle Verstand.

Ausnahmeservice

Arbeit als Spiel ist ein Punkt der Bergquist-Methode. Und unter diesem Punkt steht zwar das Kapitel. Aber gerade in diesem Abschnitt über herausragenden Service kommen sie alle wieder zusammen. Denn ein weiterer Punkt ist „präsent sein". Und „präsent sein" bedeutet im Verkaufsfall und im Kontakt mit dem Kunden allgemein, den Kunden in den absoluten Mittelpunkt zu stellen. Natürlich fließt auch der Punkt „anderen Freude bereiten" hier ein. Nichts bereitet beispielsweise einem weit gereisten Gast nach einer Odyssee über Flughäfen, S-Bahnhöfe und fremde Städte mehr Freude als ein wirklich guter persönlicher Service. Dass Buchtitel wie „König Arsch: Mein Leben als Kunde" von Martin Wehrle heute Bestseller werden, beweist ebenso wie ein Anruf bei einer beliebigen „Service-Hotline", dass eben dieser Service noch immer eine Seltenheit ist, so abgedroschen der Spruch von der Servicewüste Deutschland auch ist. Dabei bietet herausragender Service gerade bei immer ähnlicher werdenden Produkten einen echten Wettbewerbsvorteil. Und spielerische Elemente erleichtern einen echten Ausnahmeservice. Wieder geht es darum, den Kunden emotional zu berühren, ihn zu begeistern.

Als Erstes müssen natürlich die Grundbedingungen des Geschäfts erfüllt sein. Im Hotel beispielsweise erwarte ich, dass die Toilette sauber ist und sich auf Bettzeug und Matratze keine Flecken befinden. Ich möchte nicht auf vier Jahrgängen Vertreter-Eiweiß schlafen müssen. Kurz: Ich erwarte Sauberkeit. Ob die Matratze dann noch gut für meinen Rücken ist, ist schon ein anderer Punkt. Aber Sauberkeit ist ein Muss. Ebenso, dass die Rezeption bei meiner Ankunft besetzt ist und ich meinen Schlüssel nicht an der 24-Stunden- Tanke am Ende der Straße abholen muss. Die nächste Stufe wäre dann, dass die Person an der Rezeption nicht nur anwesend ist, sondern sich schnell und freundlich um mich kümmert. Und nicht betont langsam hinter dem Fernseher im Nebenzimmer vorgekrochen kommt, weil es ja auch schon nach 22:00 Uhr ist. Es geht aber noch besser als schnell und freundlich. Noriako Kano, ein japanischer Professor an der Universität Tokio, spricht in seinem Modell zur Analyse von Kundenwünschen dann von Begeisterungsmerkmalen. Das könnte in unserem Beispiel sein, wenn der Mitarbeiter an der Rezeption unauffällig einen Blick auf das Mobiltelefon des Gastes wirft und ihm anbietet, ein passendes Ladegerät auf das Zimmer zu bringen. Und das ist das für mich und für Sie Begeisternde an diesem Merkmal: Es lässt sich ohne großen finanziellen Aufwand umsetzen. Aber es wird dafür sorgen, dass dieser Service positiv im Gedächtnis bleibt und dass der Kunde sich wertgeschätzt fühlt. Und das sollte er auch. Minoru Tominga, ein Landsmann von Professor Kano, hat 2007 eine Umfrage veröffentlicht: „Aus welchen Gründen man einen Kunden verliert." Dass es anderswo günstiger war, war nur für 9 Prozent der abgewanderten Kunden ausschlaggebend. 68 Prozent fühlten sich missachtet. Und Sie wissen ja: Mercedes-Typen und so. Die kommen nicht mehr wieder. Die nehmen lieber noch ihre ganzen Bekannten mit. Und Sie kennen das übrigens auch aus Ihrem Unternehmen. Ein Studie der Universität Göttingen hat gefragt: „Aus welchen Gründen verlassen Sie bestehende Lieferanten?" 69 Prozent wechseln wegen ungenügender Servicequalität. Klingt nicht nach Spaß. Wie passen dann spielerische Elemente ins Bild? Wenn sie gelungen sind – wir wissen, es zündet nicht jede Idee –, bekommt der Kunde dadurch das gute Gefühl, hier kümmert sich jemand um mich. Der bemüht sich um meine Belange. Der ist nett zu mir. Und dieses Gefühl beim Kunden schafft

Nähe. Zu Ihnen und zu Ihrem Unternehmen. Freundlichkeit als Geschäftsprinzip. Da ist es wieder. Und das, die entgegengebrachte Freundlichkeit, ist ja oft auch das einzige Unterscheidungsmerkmal zwischen verschiedenen Anbietern. Wir hatten bereits das Beispiel der Elektromärkte, die sich im Angebot nur marginal unterscheiden. Im Service können sie sich aber gewaltig unterscheiden. Schmid nennt uns verschiedene Strategien und Beispiele dazu, wie Sie sich durch gelungene spielerische Elemente von Ihren Mitbewerbern abheben können.

Den Standardservice spielerisch abwandeln

Durchbrechen Sie die Eintönigkeit von vorhersehbaren Routinen. Ja, vielleicht sind die Beispiele ein bisschen albern, aber es geht darum, den Kunden ein bisschen zu verblüffen und ihm außerdem ein kleines Lächeln auf das Gesicht zu zaubern. Und das funktioniert. Statt die Fluggäste auf einem morgendlichen und nur zu einem Drittel besetzten Business-Flug von Zürich nach München mit „Meine sehr verehrten Damen und Herren, hier spricht Ihr Kapitän. Ich begrüße sie ganz herzlich an Bord von Flug xy nach …" zu begrüßen, sagte der Kapitän diesmal: „Liebe Passagiere, hier spricht Ihr Kapitän. Bevor wir gleich zum Start rollen, nehmen Sie doch alle einen Fensterplatz ein. Sie tun uns einen Gefallen – nicht dass die Konkurrenz den Eindruck bekommt, das Geschäft der Lufthansa würde schlecht laufen." Also verblüfft waren die alle. Und gelächelt haben auch ein paar. Das hat also funktioniert. Geradezu grandios ist das folgende Beispiel: Ein Hotel hat unter dem Bett für alle Gäste, die doch mal schauen wollten, wie es mit der Sauberkeit UNTER dem Bett aussieht, eine laminierte Postkarte hinterlegt: „Lieber Gast, natürlich saugen wir auch unter dem Bett." Und gegen Vorlage der Karte gab es an der Hotelbar noch einen Drink dazu. Die Zielvorgabe ist also zu überlegen, wie Sie Ihrem Standardservice eine persönliche Note hinzufügen können.

Außer dem großen Konklave zur Papstwahl und den Antworten von unterlegenen Fußballtrainern im Interview nach dem Spiel gibt es nichts, was so standardisiert ist wie der geschäftliche E-Mail- und Briefverkehr. Aber auch hier kann man als Unternehmen ausbrechen, wenn man will. Die Firma Freitag, die hippe Taschen aus alten Lkw-Planen herstellt und vertreibt, versandte folgende Bestellbestätigung: „Es ist uns eine Ehre zu verkünden, dass du demnächst stolzer F75LELAND-Besitzer sein wirst. Wir werden alle Hebel in Bewegung setzen, dass schon in Kürze ein attraktiver Kurier an deiner Haustür klingelt, um dir dein Stück Freitag persönlich überreichen zu können. Wir werden jetzt noch bis in die späten Abendstunden deinen Einkauf bei uns feiern und mindestens 17 Mal auf dich und deine Wahl anstoßen. Nochmals herzlichen Dank ..." Natürlich passt die Art der Ansprache in diesem Fall gut zum Produkt und zur Zielgruppe.

Das hat auch das Fitnesscenter gut hinbekommen, das mit der folgenden Mail beim Kunden nachfasste, die darüber hinaus noch ein gutes Beispiel ist, wie man sich um seine Bestandskunden bemühen kann:

> *Guten Tag Nicole,*
> *besuche uns doch mal wieder im Fitness, wir vermissen dich!*
> *Uns ist aufgefallen, dass du seit einiger Zeit nicht mehr bei uns im Fitness trainierst, obwohl deine Dauerkarte bei uns immer noch gültig ist.*
>
> *Leider haben wir dich telefonisch unter deiner angegebenen Nummer nicht erreichen können. Ruf uns doch mal an. Wir beraten dich gerne und vereinbaren einen Termin mit dir, wenn es um deine Motivation geht. Du wirst bei deinem Wiedereinstieg mit Rat unterstützt und das Fitness-Team steht dir mit neuer und frischer Motivation jederzeit zur Seite.*
>
> *Wir würden uns wirklich sehr über eine kurze Rückmeldung von dir freuen.*
>
> *Sportliche Grüße*

Überlegen Sie sich, wie Sie – passend zum Unternehmen – frischen Wind in Ihre schriftliche Kommunikation mit dem Kunden bringen können. Und: Bevor Sie eine teure Agentur anheuern, um Ihr „Wording" neu auszurichten, schauen Sie sich doch bitte zuerst in Ihrem Team um. Nutzen Sie das spielerische Potenzial, das ungenutzt in Ihren Mitarbeitern steckt. Vielleicht ist da ja einer, der schon durch originelle Geburtstagsgrüße oder Ähnliches aufgefallen ist. Lassen Sie Ihre Leute von der Leine.

Der nächste Punkt, den Schmid nennt, ist ein Klassiker der Kundenbindung: Kleine Geschenke erhalten die Freundschaft. Ganz wichtig: Der Kugelschreiber mit Firmenaufdruck oder der Luftballon zählen hier nicht. Ein bisschen origineller müssen Sie schon werden. Ein schönes Beispiel mit minimalem Kostenaufwand ist, dem Kunden bei der Abgabe eines Lottoscheins einen kleinen Schokoladen-Glückskäfer zu überreichen. Oder im Hotel einen Gutschein über einen jahreszeitlich passenden Cocktail. Sex on the Beach im Sommer, Punsch im Winter. Eine Drogeriekette schenkte allen Geschäftspartnern zu Weihnachten eine Ausgabe von Patrick Süßkinds „Das Parfüm". Was passt zu Ihnen? Und was sorgt für ein kleines Schmunzeln? Das müssen Sie sich nicht allein ausdenken. Binden Sie Ihre Mitarbeiter mit ein. Sie erhöhen die Motivation, die Bindung und werden ein überraschendes Resultat erhalten.

Und wenn alles nicht fruchtet, schlägt Schmid vor: Kopieren Sie Erfolgsmodelle. Adaptieren Sie tolle Ideen. Ein Sportgeschäft bot zum Beispiel eine Abwrackprämie auf Laufschuhe. Dazu verschickte es einen Schuhbeutel und ein passendes Anschreiben: „Jetzt abgelaufene Laufschuhe eintüten …" Außer der Prämie gab es im Aktionszeitraum noch das Angebot, sich den Schuhbeutel kostenlos mit dem eigenen Namen bedrucken zu lassen. Das Geschäft sorgt übrigens selbst dafür, dass die Schuhe auch tatsächlich durchgelaufen werden, und organisiert regelmäßig Lauf-treffs.

Erinnern Sie sich an Ihre Schulzeit, wie begeistert Sie von Hitzefrei waren? Ein Konstanzer Softwarehaus hat die Idee aufgegriffen und belohnt hohe Temperaturen jetzt wieder. Es gibt einen Hitzerabatt. Dazu wird morgens die Temperatur gemessen und die Gradzahl in einen prozentualen Rabatt umgesetzt. 20 Grad gleich 20 Prozent Rabatt.

Schauen Sie sich um und kopieren Sie hemmungslos die Erfolgsmodelle anderer Branchen. Wie gesagt: Einer guten Idee ist es scheißegal, wer sie zuerst gehabt hat.

Nehmen Sie sich Zeit

Zeit ist Geld. Schenken Sie sie Ihrem Kunden trotzdem. Das Geld wird wieder reinkommen. Denn ein zufriedener Kunde wird wiederkommen und er wird Sie weiterempfehlen. Neben der Bummler-Kasse bei Migros, von der Sie bereits gelesen haben, gibt es etwas Ähnliches bei Apple. Apple bietet seinen Kunden kostenlose Gruppenworkshops an. Und für 99 Euro können persönliche Intensivtrainings beim Kauf eines Apple-Geräts dazugebucht werden. Ich finde diese Idee unglaublich rund: Hier nimmt sich jemand Zeit für den Kunden. Baut durch die Workshop-Atmosphäre Nähe auf und sorgt dafür, dass der Kunde das Produkt auch wirklich versteht. Und je besser er damit arbeiten kann, umso zufriedener wird er mit dem Produkt und sich selber sein. Warum mit sich selber? Weil er sich selbst versichern kann, die richtige Wahl getroffen zu haben. Wir sind Meister darin, unsere emotionalen Kaufentscheidungen – ui, Apple, wie schick, und das haben doch jetzt alle, will ich auch haben – im Nachhinein zu rationalisieren. Das ist tatsächlich belegt durch Experimente zur Kognitiven Dissonanz. Dieses „Sich-Zeit-Nehmen" von Apple sorgt dafür, dass der Kunde keine KD zu befürchten hat.

Exklusive Angebote

Lassen Sie Ihre Kunden mitspielen. Geben Sie ihnen etwas, was nicht jeder haben kann. Die Baumarktkette Obi hat einen genialen Weg gefunden, neue Käuferschichten zu erschließen. Oder besser gesagt Käuferinnenschichten. Obi bot kostenlose Heimwerkerinnen-Workshops an. Der Andrang war beim ersten Testlauf mit 200 Frauen so groß, dass 50 Interessentinnen auf einen Ausweichtermin vertröstet werden mussten. Diese Workshops werden in den Obi-Filialen in der Schweiz inzwischen regelmäßig durchgeführt. In Deutschland zog Bauhaus 2012 mit dem gleichen Konzept nach.

Haben Sie als Kind auch mal einen alten Wecker aufgemacht? Nur um mal reinzusehen? Oder ein altes Radio aufgeschraubt nur so zum Spaß? IWC ist ein Hersteller hochwertiger mechanischer Uhren, die pro Stück eine vier- bis fünfstellige Summe kosten, und hat genau diesen Spaß angeboten. Das Unternehmen bot ausgewählten Kunden ein Seminar an, bei dem sie eine Uhr selbst auseinandernehmen konnten. Im Gegensatz zu den meisten Kinderexperimenten wurden in diesem Seminar die Uhren aber auch wieder zusammengesetzt. Die Kunden schlüpften spielerisch in die

Rolle eines Uhrmachermeisters. Und dieses In-eine-ande-re-Rolle-Schlüpfen ist offenbar von hohem Reiz. Auch viele Hotels bieten beispielsweise Kochworkshops an. Und sie würden das nicht tun, wenn der Blick hinter die Kulissen nicht begeistert angenommen würde.

Exemplarisch für viele Sportveranstaltungen von der deutschen Basketballbundesliga bis zur Formel 1 steht der Blick hinter die Kulissen, den das CSIO – Concours de Saut International Officiel – anbietet, ein hochkarätiges Reitturnier, das regelmäßig Zuschauer im fünfstelligen Bereich anlockt. Ausgewählte Reit-sport- Fans bekommen eine exklusive Führung durch die Stallungen. Es gibt kaum einen anderen Weg, den besten Pferden der Schweiz so nahe zu kommen. Das zu bekommen, was nicht jeder haben kann, schmeichelt ungemein. Konzertveranstalter nutzen diesen Effekt seit Jahren und verlosen über Radiosender Backstage-Pässe in den Veranstaltungsorten. Wer träumt nicht davon, seinem Star persönlich nahe zu kommen? Und dabei ist es egal, ob der Star ein bekannter Sänger oder ein edles Vollblut ist. Können auch Sie Ihren Kunden so ein Exklusivangebot machen? Das kann ganz einfach sein. Wie aufregend ist Ihr Job? Lassen Sie sich einen Tag begleiten. Oder organisieren Sie Führungen durch den Maschinenpark. Lassen Sie Ihre Kunden selbst etwas herstellen, drucken, reparieren, was auch immer. Für Sie war Ihr Job doch hoffentlich auch irgendwann mal aufregend.

Spielen Sie mit

Zum Ende dieses Kapitels wird es noch einmal richtig spielerisch: Spielen Sie Spiele. Verrückte Spiele. Das St. Galler Kasino lädt dienstags zur Gelddusche. Wer das Glück hat, mitmachen zu dürfen, darf sich für zwölf Sekunden wie Dagobert Duck fühlen. Denn so lange steht er in einer Kabine mit umherwirbelnden Geldscheinen. Was er sich in die Taschen stopfen oder festhalten kann, gehört ihm. Ich mag die Idee irgendwie.

Wenn Sie sich fragen, ob Erwachsene wirklich Lust haben zu spielen, sollten Sie sich die Downloadzahlen von Browserspielen anschauen. Angry Birds, ein Spiel, in dem wütende Vögel räuberischen Schweinen die geklauten Eier abjagen müssen, wurde 500 Millionen Mal auf Smartphones und Computer heruntergeladen. Jetzt wissen Sie auch, womit demotivierte Mitarbeiter die acht Stunden im Büro verbringen. Jedenfalls baute die Telekom dieses Spiel im spanischen Terrassa „in echt" nach. Es war bei den Passanten ein grandioser Erfolg und beweist, dass wir alle immer noch gerne spielen. Und spielend zu motivieren sind. Wir sind dann sogar bereit, uns von unserer gar nicht so schönen Seite zu präsentieren. Zeigen Sie gerne Ihr Führerscheinbild? Die meisten von uns machen das nicht. Das Bild ist alt. Es entspricht so gar nicht dem Selbstbild, das wir heute von uns haben. Die Fluglinie Southwest hat daraus dennoch ein Spiel gemacht: Wer hat das hässlichste Foto im Führerschein? Wartezeiten verkürzt die Fluglinie nicht durch Getränkegutscheine, sondern durch den Wettbewerb um das hässlichste Führerscheinfoto. Der Gewinner wird mit einem Freiflug mit Southwest getröstet. Das Ganze nennt sich Delaytainment und Schmid hat noch weitere Vorschläge parat, um nervende Wartezeiten spielend zu verkürzen. Analog zu den tröstenden Clowns, die Kinder in Krankenhäusern besuchen, schlägt er den Einsatz von Clowns vor, um quengelnde Kinder in der Warteschlange am Ferienflieger abzulenken. Was eine wahre Wohltat wäre. Kleinkünstler könnten sich auch um die Stimmung in den samstäglichen Kassenschlangen in den Einkaufszentren verdient machen, indem sie die Kunden bei Laune halten. Was wiederum auch den Mitarbeitern zugute käme. Vielleicht gibt es ein lustiges, durchgedrehtes Spiel, das Sie für die Kunden in Ihrem Unternehmen organisieren könnten?

Zusammenfassung

Alle diese Ideen sind so etwas wie ein Ausnahmeservice. Das heißt nicht, dass sie nur in Ausnahmesituationen zum Einsatz kommen, sondern das bedeutet, dass Sie Ihre Hausaufgaben bezüglich des zu erwartenden Standards Ihrer Branche unbedingt gemacht haben müssen. Der Kleinkünstler, Zauberer oder Jongleur, der im Supermarkt die Wartezeit an der Kasse verkürzen kann, wird nicht viel Freude an seiner Aufgabe haben, wenn die Kunden sehen, dass trotz Hochbetriebs nur eine Kasse geöffnet ist. Den originellen Einblick in Ihre Werkstatt und den Selfmade-Reparatur-Workshop können Sie sich in die Haare schmieren, wenn das Auto des Kunden nicht zum vereinbarten Termin fertig ist. Und wenn eine Postkarte unter dem Bett liegt, dann sollten Sie sicher sein, dass dort auch tatsächlich gesaugt ist.

24

Ich hab Sie was gefragt – Wege zur Ideenfindung

Am Ende jedes Kapitels habe ich Sie aufgefordert, sich Gedanken zu machen, wie Sie diese Ideen adaptieren können. Ich weiß, dass das überhaupt nicht leicht ist. Schon gar nicht auf Kommando. Aber Sie sollen das ja auch nicht allein machen. Binden Sie Ihr Team in die Ideenfindung ein. Und dann: Finden Sie Ideen!

Vielleicht kommt ein ganz Schlauer von Ihnen auf die Idee, sich zu einem Kreativ-Workshop anzumelden. Und ganz sicher wird er dort bestimmte Techniken mitnehmen können. Die haben tolle Namen. Semantische Intuition. Osborn-Checkliste, De Bonos Laterales Denken … – googeln Sie halt mal. Da können Sie Ihre Mitarbeiter anmelden und dann kennen die Kreativitätstechniken. Ob sie danach kreativ sind, weiß ich nicht. Ich weiß aber, dass

Kreativität bestimmte Voraussetzungen hat. Und wenn Sie auf der Suche nach neuen spielerischen Ideen sind, dann sollten Sie diese Voraussetzungen kennen.

Kindern muss man ihre Kreativität und ihre Verspieltheit offenbar möglichst schnell austreiben. Nicht dass die immer gute Ideen hätten. Wer Kinder hat, weiß, dass die oft auf ganz schön dumme Ideen kommen. So was wie „Wasserfall spielen" und den ersten Stock unter Wasser setzen, damit das Wasser irgendwann die Treppe runterfließt. Aber: Sie haben immerhin Ideen. Irgendwann verschwindet das dann. Und dann haben wir schon Schwierigkeiten, uns nur einen lustigen Vers für das Hochzeitsgedicht auszudenken. Oder eine schwungvolle Einleitung für eine Rede. Von der Findung völlig neuer, noch nie realisierter Ideen ganz zu schweigen. Wo und wann kommen einem solche Ideen? Solche Geistesblitze? Vor einer Pinnwand mit einem Pappkärtchen in der einen und einem Edding in der anderen Hand? Oder wenn wir entspannt unter einem Baum liegen? Da jedenfalls passierte der Legende nach einer der berühmtesten Geistesblitze: Dem Physiker und Astronomen Isaac Newton fiel ein Apfel auf den Kopf und er „erfand" die Schwerkraft. Ehrlich gesagt inspirierte ihn ein fallender Apfel im Garten seiner Eltern dazu, die Gravitationstheorie aufzustellen. Aber das Bild ist wunderschön. Die Idee trifft einen unvermittelt und überall – wie der Blitz beim Scheißen –, nur leider selten in der Firma.

Um kreativ und innovativ zu sein, benötigen wir im wahrsten Sinne des Wortes „Spielraum". Wenn Sie die Bergquist-Prinzipien leben, werden Sie auch die Kreativität Ihrer

Mitarbeiter wachküssen können. Dabei helfen nach Schmid folgende Maßnahmen:

Frei-Zeit erlauben

Kreativität braucht Spiel-Raum, Frei-Raum und Frei-Zeit. Ich kann mir nichts Neues ausdenken, wenn ich mein Programm abspulen muss. Wenn die Kunden vorm Stand stehen, dann gehen die vor. Ich hab aber Glück: Hein Hansen kann sich morgens beim Stand aufbauen, bei den Routinetätigkeiten ein bisschen was zurechttüdeln, an neuen Sprüchen feilen und solche Sachen. In den meisten Unternehmen gibt es diese freie Zeit nicht. Da soll ja gearbeitet werden. Google gibt seinen Mitarbeitern gleich einen Tag pro Woche frei, an dem die an einem frei gewählten Projekt arbeiten können. Google nennt das das 20/80-Modell. 20 Prozent der Arbeitszeit, also ein Arbeitstag, können für eigene Projekte genutzt werden. Achtung, damit keine Missverständnisse aufkommen: Die dürfen natürlich nicht am Projekt Bikinifigur 2015 arbeiten. Die Projekte müssen im Zielgespräch angemeldet sein. Google stellt alle betrieblichen Ressourcen vom Stuhl bis zum Serverzentrum zur Verfügung. Dafür gehören die Entwicklungen am Ende auch Google. Das ist modellhaft genau das, was wir wollen: spielerisch Ideen entwickeln. Millionen Menschen nutzen das, was sich einer in einem freien spielerischen Umfeld ausgedacht hat. Andere „Ergebnisse" verschwinden sang- und klanglos wieder, aber das ist Google egal: „Scheitern ist Bestandteil unserer Arbeitskultur. Das ist nichts Ehrenrühriges", lautet das Motto.

Und so kommt es, dass auch die verrücktesten Ideen die Chance haben, zumindest gedacht zu werden.

Frei-Räume schaffen

Als Ihr Hein Hansen noch ein junger Hüpfer war, hat er sich sein Geld in den Ferien auch mal in einer Fabrik der ganz alten Schule verdient. Da gab es herrliche „Sozialräume". Weil da viele Muslime gearbeitet haben, gab es zwei Stück. Einen für Männer und einen für Frauen. Ähnlich wie bei den Toiletten. Aber wenn ich auf dem Klo heimlich eine geraucht habe, fand ich es da viel gemütlicher. Also diese Räume waren einfach Räume, so was bei 30 Quadratmeter jeder. Neonröhren unter der Decke. Resopaltische und ein paar Stühle. Das wars. Die Wände waren ehemals weiß. Die hätten jedem Verhörzimmer eines zwielichtigen Geheimdienstes alle Ehre gemacht. Ich sag Ihnen nicht, wie die Firma heißt. Aber die hat regelmäßig Briefe an Sie geschickt und behauptet, SIE wären einer der wenigen Auserwählten und jetzt hätten SIE und NUR SIE die ganz große Chance. Ist ja jetzt vorbei. Geredet hat da keiner. Ich einmal. „Guten Morgen", hab ich gesagt. Die haben mich angeguckt als wenn's donnert. Und gedacht haben sie: „Du armer Spinner wirst es schon noch merken. Von wegen guten Morgen." Das Motto der Firma lautete wohl: Die sollen hier arbeiten und nicht quatschen! Hat auch funktioniert. Auch das ist wieder ein Extrembeispiel. Hoffe ich. Menschen, Mitarbeiter brauchen Räume, um sich auszutauschen. Ich habe Ihnen im Kapitel „Rituale" das Beispiel erzählt, dass sich die Führungskräfte regelmäßig jeden Morgen zu einem kurzen Schnack beim Kaffee getroffen haben. Das war ein informeller Austausch. Und der, das wissen wir aus dem Wissensmanagement, ist wichtig und kann mehr bewirken als viele Checklisten und protokollierte Meetings. „Wenn Menschen miteinander reden, werden Probleme gelöst und Ideen entwickelt. Wenn man sie zwingt, in Ordnern zu kramen, verschieben sie es lieber auf morgen." Aber dazu braucht es eben neben emotionalem Frei-Raum auch die Räumlichkeiten.

Augen und Ohren öffnen

Ich hab im letzten Jahr überlegt, mir ein neues Auto zuzulegen. Überlegen Sie ruhig, was Hein Hansen für ein Auto fährt. Was das für ein Auto ist, ist nämlich egal. Aber ich musste jedenfalls feststellen, dass auf einmal ziemlich viele Wagen des Modells, das ich im Auge hatte, auf den Straßen unterwegs waren. Sollten etwa, nur weil ich vorhatte, mir dieses Auto zu kaufen, die Anmeldezahlen rapide in die Höhe gegangen sein? Und das, obwohl ich es noch niemandem erzählt hatte? Natürlich nicht. Dahinter steckte ein ganz einfacher Wahrnehmungsmechanismus. Das, was uns interessiert, womit wir uns aktuell beschäftigen, nehmen wir bevorzugt wahr. Sie werden überrascht sein, wie viele Möpse auf einmal durch die Gegend laufen, wenn Ihre Tochter unbedingt einen haben will. Für den spielerischen Verkauf bedeutet das, dass Sie und auch die Mitarbeiter, die sich mit der Ideenfindung befassen, plötzlich überall Beispiele für spielerische Verkaufsideen entdecken werden. Und das ist nicht schlimm, wenn Sie diese Ideen adaptieren. Überlegen Sie sich, was Sie vom Markt der Ideen mitnehmen und für Ihr Unternehmen anpassen können. Lenken Sie außerdem das Bewusstsein Ihrer Mitarbeiter immer wieder auf das gesuchte spielerische Element. Wie wäre es denn mit einem Post im Intranet: „Heute ist Play Day!"

Ideen sichern

Ideen haben wir und unsere Mitarbeiter viele. Meistens haben wir aber auch gleich die Schere im Kopf, warum diese Idee nicht funktionieren wird: Der und der machen da nie mit. Ist viel zu teuer. Und wenn's nicht klappt, bin ich der Depp … wir haben viele solcher Ausreden für uns parat. Die eigene Angst, an der Idee zu scheitern, ist einer der Hauptgründe für das schnelle Ende einer Idee. Richten Sie Ideen-Klappen ein. Orte, an denen Mitarbeiter ihre Ideen, gezielte Ideen zu einer geplanten Kampagne womöglich, aber auch ihre verrückten Ideen einreichen oder hinterlassen können. Analog zur Baby-Klappe bitte niedrigschwellig, dann geht am wenigsten verloren. Das kann ein Board im Intranet oder tatsächlich ein echter Briefkasten sein. Bitte hinterlegen Sie keine Ideen-Eintragsformulare im Vorzimmer des Chefs. Wichtig ist außerdem, dass die Vorschläge regelmäßig gesichtet und mit den Mitarbeitern diskutiert werden. Sonst ist die Ideen-Klappe nichts weiter als die berühmte Rund-Ablage.

Zuhören! Raus! Ausprobieren! Erfolge merken!

Fragen Sie, sprechen Sie mit Menschen. Mit alten Menschen, mit jungen Menschen, mit Kindern und mit erwachsenen Querköpfen. Was fällt dir hierzu ein? Was wünschst du dir, was wäre wirklich toll, wenn es das hier jetzt gäbe? Auch Ihre Kunden haben vielleicht noch eine Idee über. Verlassen Sie Ihr stilles Denkerkämmerlein und gehen Sie unter Menschen.

Den letzten Vorschlag können Sie sogar wörtlich nehmen. Eine ungewöhnliche Meeting-Situation regt auch ungewöhnliche Ideen an. Bringen Sie Ihre Mitarbeiter, Ihr kreatives Potenzial, an einen ganz anderen Ort und katapultieren Sie sie in eine neue Umgebung. Nicht umsonst gibt es viele originelle Tagungsmöglichkeiten auf Burgen oder vielleicht auf einem Schiff. Zu teuer? Dann laden Sie Ihre Anzugträger zu einem Arbeitspicknick im Park auf Decken ein. Getränke bringt jeder selbst mit.

Spielerische Ideen haben den Nachteil, dass sie auch mal nicht funktionieren können. Bevor Sie also alles auf eine Karte setzten, weil Sie von Ihrem Blatt überzeugt sind, testen Sie Ihre Ideen vorher aus. Vielleicht hat Ihre Zielgruppe doch ein anderes Humorverständnis, als Sie sich das gedacht haben. Passiert. Ich krieg auf dem Markt dann auch nicht jeden Kunden mit meinen Sprüchen. Nicht bange sein. Manchmal klappt es nicht. Versuchen Sie Ihre Idee also zunächst an einer Auswahl von Kunden. Ideen und geplante Aktionen lassen sich auch vorab in sozialen Netzwerken vorstellen. Fragen Sie Ihre Kundschaft in einem Post ganz direkt: Finden Sie das gut? Sie werden Feedback bekommen. Verlassen Sie sich drauf.

Machen Sie mal einen kleinen Test. Wie viele Erfolgserlebnisse aus den letzten zwölf Monaten fallen Ihnen ein? Fünf Sekunden. Los. Eins, zwei, drei, vier fünf. Stopp! Und jetzt: Was ist in dem Zeitraum alles schiefgegangen? Fünf Sekunden. Los!

Ich bin sicher, dass es einem großen Teil meiner Leser viel leichter fällt, die Misserfolge aufzuzählen. Ich hab außerdem nach den letzten zwölf Monaten gefragt. Wieso denken Sie jetzt daran, wie Sie in der fünften Klasse in diese Pfütze gefallen sind und die große Dunkelhaarige aus der Parallelklasse Sie so laut ausgelacht hat? Negative Erlebnisse graben sich in unser Gedächtnis ein. Erfolge werden hingenommen. Ned g'schempfd isch gnug g'lobd, sagt der sparsame Schwabe und spart sich sogar das gelegentliche Selbstauf-die-Schulter-Klopfen. Schreiben Sie Erfolge auf. Beim Schreiben erleben Sie erstens den Erfolg nochmals. Und zweitens haben Sie eine Inspirationsquelle, falls der nächste Durchhänger kommt.

Zusammenfassung

Ideenfindung benötigt neben einer offenen Unternehmensatmosphäre bestimmte Grundvoraussetzungen. Trotzdem ist sie nicht immer leicht. Nützliche Tipps zur Ideenfindung sind nach Schmid:[1]

- Schaffen Sie die räumlichen Gelegenheiten für informellen Austausch.
- Ideenfindung benötigt Zeit. Geben Sie Ihren Mitarbeitern diese Zeit.
- Halten Sie Augen und Ohren offen. Adaptieren Sie bestehende Ideen.
- Richten Sie eine niedrigschwellige Ideenklappe ein. Nutzen Sie die eingegangenen Ideen. Stellen Sie sie zur Diskussion.
- Holen Sie sich Anregungen von betriebsfernen Außenseitern, Kindern, Querdenkern.
- Verlassen Sie mit dem Bürogebäude auch ausgetretene Denkpfade.
- Testen Sie Ihre Spielideen.
- Halten Sie Ihre Erfolge schriftlich fest. Das inspiriert Sie für die Zukunft.

---

1) Virgil Schmid: *Spielend verkaufen*, München 2013.

25

Die beste Marketingstrategie
der Welt

Zum Schluss: Es sind nicht die Vorbilder, an denen es fehlt, und es sind nicht die Ideen. Woran es fehlt, sind Menschen, die sie anwenden. Jetzt sagen manche: „Ja, aber es gibt andere, die haben da vielleicht so ein Talent, solche Projekte zu entwickeln, und die haben ein Talent, das Ganze umzusetzen." Talent ist eine Ausrede. Viele Menschen nutzen Talent als Ausrede, nicht motiviert an die Arbeit heranzugehen. Weil sie sagen, ja, die anderen haben einfach mehr Talent. Daniel Coyle, ein amerikanischer Sportjournalist und erfolgreicher Autor, hat in seinem Buch „The Talent Code"[1] festgestellt, dass 20 der 100 besten Tennisspielerinnen aus einem einzigen Stall kommen. Das ist ein einfacher

---

1) Daniel Coyle: *The Talent Code: Greatness isn't born. It's grown*, London 2010.

Tennisplatz in Russland ohne großen Luxus. Aber da kommen 20 der besten Tennisspielerinnen der Welt her. In Europa spielen 80 Fußballer aus Brasilien, die ein weit überdurchschnittliches Gehalt bekommen. Die kommen alle von demselben Fußballplatz in São Paulo.

Dieser Daniel Coyle ist zu solchen Talentschmieden – nicht nur aus dem Sport – hingefahren und hat herausgefunden, warum das so ist. Unter anderem war er gemeinsam mit dem Wissenschaftler McForsen an einer Musikschule und hat beobachtet, dass es da Menschen gibt, die eine flach verlaufende Lernkurve haben, andere mit einer höheren Lernkurve und zu guter Letzt richtige Talente mit einer unglaublichen Lernkurve. Coyle und McForsen haben die Schüler befragt, wie sie zum Musikmachen stehen, und haben festgestellt, die einen haben eine sehr kurze Motivation: „Ja, Musikmachen – sagt man bei uns in der Familie – wäre wichtig. Deswegen bin ich an dieser tollen Eliteschule." Die mit der höheren Lernkurve antworteten meist so was in der Art wie: „Ja, ist schon schön, wenn man ein Musikinstrument beherrscht und vielleicht später auch mal zu Weihnachten mit seiner Familie musizieren kann und gemeinsam was machen kann, das wäre toll." Und dann haben sie auch die mit dieser Wahnsinns-Lernkurve befragt und die sagen: „Allein der Gedanke, später mal als alter Mensch immer noch in den größten Musikhäusern dieser Welt auftreten zu können und Menschen mit dem eigenen Schaffen zu begeistern, das löst in mir so viel Freude aus, das ist das Tollste, was ich mir überhaupt vorstellen kann." Und dass diese Schüler es schaffen, diese Lernkurve in dieser Zeit zu realisieren, das hat mit Identifikation zu tun. Und Identifikation kann man über Kommunikation schaffen. Der Erfolg hängt also zum einen von der Identifikation des Schülers oder des jungen Athleten mit dem Ziel ab, besser zu werden. Zum anderen hängt er aber vor allem auch sehr stark von den Qualitäten des Lehrers oder Trainers ab. Coyle nennt die guten Trainer und Lehrer die Talentflüsterer. Die besonders guten Talentflüsterer, die Coyle auf seinen Reisen kennengelernt hat, waren nicht mehr ganz jung, zurückhaltend und gingen besonders individuell auf ihre Schüler ein. Was bei diesen Talentschmieden auffällt, ist, dass dort eben eine besondere Gruppe von Menschen zusammenkommt, die sich gemeinsam ein Umfeld schaffen, das es ihnen ermöglicht, ihre Ziele weiter auszubauen und sich damit voll und ganz zu identifizieren. Sie können für Ihre Mitarbeiter so ein Talentflüsterer werden. Und wenn Sie diese Möglichkeit haben, wenn Sie jetzt die Werkzeuge kennen, dann sollten Sie das einfach ab und zu auch mal tun.

William James, ein amerikanischer Psychologe und Mitbegründer der Pragmatismus, hat einmal gesagt: „Die größte Entdeckung meiner Generation ist, dass ein Mensch sein Leben ändern kann, indem er seine Einstellung ändert." Ich, als erklärter Anhänger des Pragmatismus, sage Ihnen: „Suche nach dem, was dich selbst antreibt." Man kann es auch anders benennen, mit einem ganz altmodischen Begriff: „Finde die Sehnsucht. Das, was Sehnsucht in dir auslöst, ist der stärkste Motivator der Welt." Und schließlich: „Blamiere dich täglich. Habe den Mut dazu." Das muss man sich in Deutschland immer und immer wieder sagen. Habe den

Mut, auch mal Dinge zu tun, die völlig bekloppt sind, völlig anders sind, denke Dinge mal völlig neu und habe den Mut dazu. Denn die Wahrscheinlichkeit ist hoch, wenn man was Neues macht, dass man auch mal auf die Nase fällt. Das gehört dazu, man kann sich blamieren. Habe den Mut. Das muss man sich in Deutschland immer und immer wieder sagen. Habe den Mut, auch mal Dinge zu tun, die völlig bekloppt sind, völlig anders sind, Dinge mal völlig neu zu denken. Und habe tatsächlich den Mut, denn die Wahrscheinlichkeit ist hoch, wenn man was Neues macht, dass man auch mal auf die Nase fällt. Das gehört dazu, man könnte sich blamieren. – Also gut, zweimal sagen mag an dieser Stelle genügen. Aber wenn man allein mal den größten Basketballer aller Zeiten, Michael Jordan, fragt, was das Geheimnis seines Erfolges ist, dann sagt der: „In meiner Karriere habe ich über 9.000 Würfe verfehlt. Ich habe fast 300 Spiele verloren. 26-mal wurde mir der spielentscheidende Wurf anvertraut und ich habe ihn nicht getroffen. Ich habe immer und immer wieder versagt in meinem Leben …" Er zählt alles auf, was er nicht geschafft hat. Der erfolgreichste Basketballer aller Zeiten. Und noch toller ist, dass er erkannt hat, dass dadurch das Fundament für seine überragende Karriere gelegt wurde. Seine Erklärung endet mit: „Und deshalb hatte ich Erfolg." Den hatte er wirklich: Sechs NBA-Titel und zweimal olympisches Gold sind Erfolg. Und: Laut dem Magazin *Fortune* generierte Jordan während seiner Karriere einen Erlös von 10 Milliarden US-Dollar für die Unternehmen, die er bewarb. Da war zum Beispiel Nike dabei oder Gatorade. Nicht schlecht für einen, der über 9.000-mal danebengeworfen hat.

Die letzte Botschaft für eine erfolgreiche Marketingstrategie, die ich Ihnen in Ihre Tüte packe: Motivierte Mitarbeiter sind das beste Marketing für jedes Unternehmen und natürlich gilt das auch für einen selbst, wenn man selbst motiviert ist und das nach außen strahlt. Wenn wir solche schrägen Vögel sehen, die da manchmal im Leben so an einem vorbeihuschen, dann neigt man dazu, ziemlich schnell zu urteilen und sie als Wahnsinnige oder Bekloppte abzustempeln. Man sollte nicht zu früh urteilen. Für uns alle gilt, ob wir wollen oder nicht, das ist hier eine endliche Geschichte, in dieser Sekunde beginnt für alle der Rest unseres Lebens. Jeder hat es selber komplett in der Hand, das Beste, etwas Großartiges daraus zu machen, für alle, die Menschen im Umfeld, die Familie und natürlich auch das Team, mit dem man arbeitet, mit dem man gemeinsam produktiv ist. Nur so kann man die Welt verändern. Es gibt so viele Unternehmen, die auch im Kleinen etwas bewirken und immer wieder die Welt verändern.

Ich wünsche Ihnen und dir bei der Umsetzung der Erkenntnisse aus diesem Buch viel Spaß und Erfolg. Genug der Theorie. Wie sagte schon der berühmte Fußball-Philosoph Adi Preißler so richtig: „Grau ist alle Theorie – entscheidend ist auf dem Platz!" Also. Bescheid weißt du nun. Der Rest liegt an dir.

Liebe Leserinnen
und liebe Leser,

spielen Sie und haben Sie Spaß, bereiten Sie anderen eine Freude, seien Sie präsent und vor allem wählen Sie Ihre eigene Einstellung.

Die Fish!-Philosophie ist einfach, aber ehrlich. Spaß an der Arbeit und Motivation im Beruf sind keine Wissenschaft – man muss nur lernen, sie zu entfachen.

Das zu vermitteln ist das Ansinnen dieses Buches.

Bei der Lektüre dachten Sie vielleicht hier und da, dass die Fish!-Philosophie zu einfach ist, um wahr zu sein, vielleicht haben Sie aber auch den einen oder anderen Tipp umgesetzt, für sich nutzen können und erlebt, dass es tatsächlich funktioniert.

Im besten Falle hat das Buch bei Ihnen den Wunsch ausgelöst, ein Profi in Sachen Motivation zu werden – Eigenmotivation und Motivation der Mitarbeiter.

Die Möglichkeit hierzu bieten meine höchst unterhaltsamen Vorträge, Seminare und Trainings, die an dieses Buch anknüpfen.

Schritt für Schritt werden Sie dort weiter in die Fish!-Motivationsphilosophie eingeführt und lernen, die Grundsätze anzuwenden, umzusetzen und damit sich selbst, Ihr Team und Ihr Unternehmen zu motivieren.

Entdecken Sie in den Seminaren den Spaß an – und damit die Zufriedenheit in – Ihrem Job. Entdecken Sie, was Sie und Ihr Team antreibt. Jeden Tag aufs Neue!

Zögern Sie nicht, mich zu kontaktieren, wenn Sie die Grundsätze der Fish!-Philosophie verinnerlichen und aktiv in Ihrem Unternehmen umsetzen möchten – ganz einfach und ohne sich dafür frühmorgens auf dem Fischmarkt verausgaben zu müssen.

Herzliche Grüße
Ihr Michael Ehlers

Mehr Informationen unter:

Danke

Ein Buch zu schreiben ist eine wirklich schöne Arbeit. Ich bedanke mich herzlich bei meiner Familie, die noch häufiger auf den Papa verzichten musste. Danke Alesja, Ellis und Liv Freya.

Dank auch an die Mitarbeiter/innen von Plassen Buchverlage/Books4Success für ihre Geduld und ihr Vertrauen. Allen voran Egbert Neumüller für das Lektorat. Herzlichen Dank an Thomas Meyer, der an jedem einzelnen Satz in diesem Buch beteiligt war. Danke für Deine Kreativität, Deinen Fleiß und die ehrlichen Rückmeldungen.

Ich bedanke mich bei meinen Mitarbeitern Tanja und Chris. Bei den besten Praktikantinnen der Welt: Gabriela, Julia, Eva.

Besonderer Dank an Martina Kummer. Auf einer langen Autofahrt zu einem Kunden ist die Idee zur Figur Hein Hansen entstanden. Du bist die wahre Geburtshelferin.

Ich bedanke mich bei meinen Mentoren, Professor Dr. Werner Correll, Dr. Rolf H. Ruhleder, Hans-Peter Zimmermann, Dr. Stefan Frädrich und bei Anne M. Schüller, beim besten Fish!-Trainer aus der Schweiz – Virgil Schmid – sowie bei allen anderen Personen und Trainerkollegen, die mich durch ihre großartige Arbeit inspiriert haben. Ganz besonders bei den Kollegen vom „Club 55 – European Community of Experts in Marketing & Sales, Genf". Ihr habt aus mir einen Buchautor gemacht. Tolle Kollegen/innen.

Danke an meine zahlreichen Kunden. Ohne Euch geht gar nichts.

Ganz besonderen Dank auch an die bekannte Autorin und tolle Schauspielerin Yvonne de Bark für ihr beständiges Feedback und das Coaching. Ich liebe Deinen inspirierenden, klaren Schreibstil, und Deine Rückmeldungen waren sehr wertvoll.

Ebenso bedanke ich mich bei meinem Freund Klaus Stieringer. Von Dir habe ich mit das Wichtigste gelernt: auch in hektischen Zeiten Ruhe zu bewahren. Ein wahrer Fischkopp. Durch und durch. (Die Ruhe braucht man auch als Fan von Werder Bremen, oder? Haha…)

Danke an Alex Duerr von Unique-Musique für die Hörbuch-Produktion und herzlichen Dank an alle, die ich in dieser Dankesliste vergessen habe.

Natürlich geht ein ganz besonderer Dank an die Yokohama-Brüder vom Pike Place Fish Market in Seattle/Washington und ihre Mitarbeiter, deren Gast ich zwei Tage

sein durfte. Und natürlich an Aale-Dieter und all seine großartigen Kollegen vom Hamburger Fischmarkt. Euch hat
„der kleine Hein" schon als Kind bewundert.

Besonderen Dank an meine Mutter Annelie Ehlers und
„Opa Gerhard". Ihr seid immer ein Fels in der Brandung
für mich und meine Familie.

240 Seiten
broschiert,
19,90 [D] / 20,50 [A]
ISBN: 978-3-86470-089-7

Michael Ehlers:
Kommunikationsrevolution Social Media

Soziale Medien haben unser Kommunikationsverhalten revolutioniert. Doch wie nutze ich sie optimal? Wie erkenne und umgehe ich die Risiken? Kommunikationsprofi Michael Ehlers gibt Antworten für alle, die Social Media erfolgreich, effektiv und sicher nutzen möchten – von Eltern, die ihre Kinder schützen wollen, bis zum Unternehmer, der seine Marke im Netz richtig positionieren muss.

BOOKS④SUCCESS